La mort fantôme

Guerric Poncet

La mort fantôme

L'assassinat ciblé comme arme de guerre

éditions du
ROCHER

Éditions du Rocher
28 rue Comte-Félix-Gastaldi – BP 521 – 98015 Monaco

www.editionsdurocher.fr

ISBN : 978-2-268-10910-7
EAN epub : 9782268109473

Introduction

Éliminer le problème à la source, voilà qui est tentant. Depuis que la guerre existe, les assassinats ciblés en font partie. Ils sont parfois un rouage d'une guerre qui ne dit pas son nom, car elle ne respecte pas les codes de l'affrontement de soldats en uniforme, mais plutôt ceux de ce que l'on désigne aujourd'hui sous le nom de guerre hybride[1], avec des manœuvres d'influence, des combats économiques ou des opérations clandestines. Dans tous les cas, le but est de supprimer un personnage jugé stratégique chez l'ennemi, qu'il soit un génial chef militaire, un charismatique responsable politique, un brillant scientifique ou encore un influent chef religieux. Tous les moyens sont bons, de l'espion avec une dague au groupe de commandos lourdement armés, de la

1. La guerre hybride consiste à mener, parfois sans déclaration de guerre au sens traditionnel, des opérations de tous types : cyber, économique, assassinat, influence ou combat conventionnel par exemple. Il s'agit d'un modèle en « dissension par rapport à un modèle standard, régulier, dont nos armées sont issues et pour lequel elles ont été calibrées », selon Elie Tenenbaum dans « Guerre hybride : concept stratégique ou confusion sémantique », *Revue Défense nationale* 2016/3, n° 788, p. 31.

fiole de poison au missile de croisière. Chaque pays, chaque équipe a son style, des *cow-boys* américains à la gâchette facile, jusqu'aux espions israéliens habitués à enquêter longuement et à s'infiltrer des années dans un réseau avant de frapper sa tête, en passant par les agents russes adeptes des substances radioactives qui tuent lentement mais sûrement.

À l'aube du XXIe siècle, les drones armés dotés d'intelligence artificielle (IA) sont devenus opérationnels. Largement utilisés dans des conflits militaires conventionnels, notamment par l'Ukraine face à l'invasion russe début 2022, ils se sont révélés extrêmement efficaces pour remplacer un commando ou un espion afin d'éliminer un personnage clé. L'armée ukrainienne a ainsi porté des coups très durs à son ennemi russe durant les premières semaines de l'invasion du début de l'année 2022, en ciblant des généraux ou des officiers au rôle essentiel sur le champ de bataille. Les drones préfigurent les guerres hybrides de demain dans lesquelles seront généralisés les systèmes d'armes létaux autonomes (SALA), des intelligences artificielles programmées – par des humains – pour tuer sans intervention humaine au moment crucial.

Inventée par Israël en 2000[2], l'expression « assassinat ciblé » a été largement reprise par les États-Unis dans leur guerre contre le terrorisme après 2001. Elle englobe des actions variables selon les pays, les cultures, les institutions ou les individus qui l'emploient. Une définition relativement consensuelle est donnée par les chercheurs européens en science politique Andris Banka et Adam Quinn dans un article publié en 2018[3] : « L'assassinat ciblé signifie le meurtre délibéré d'un individu identifié, désigné à l'avance comme cible, approuvé par une autorité gouvernementale reconnue sans processus judiciaire indépendant. » Cette phrase un peu alambiquée permet d'évacuer les cas de dommages collatéraux, de frappe aveugle, de mort dans le cadre d'opérations militaires régulières entre soldats ou encore de condamnation à mort dans les pays qui n'ont pas aboli la peine capitale ou l'ont rétablie. Une autre expression est largement utilisée, celle de « décapitation des dirigeants » (*leadership decapitation*). Elle permet selon certains auteurs de mieux recouvrir le spectre des assassinats ciblés sans pour autant accepter la notion quasi bienveillante de

2. Nils Melzer, *Targeted Killing in International Law* (Oxford University Press, 2008).
3. Andris Banka & Adam Quinn (2018), "Killing Norms Softly: US Targeted Killing, Quasi-secrecy and the Assassination Ban", *Security Studies*, 27:4, 2018, pp. 665-703.

ciblage. Dans son livre *Killing the Ennemy*[4], Adam Leong Kok Wey estime par ailleurs que l'expression « décapitation des dirigeants », qu'il utilise, est « allégée du débat sur l'éthique et la légalité qui pèse sur les termes d'assassinat et d'assassinat ciblé ».

Au fil de cet ouvrage, l'auteur s'attachera non pas à lister de manière exhaustive chaque élimination à travers l'histoire, mais plutôt à analyser les exemples les plus représentatifs ou originaux, pour aboutir à des réflexions sur l'avenir. Bienvenue dans le monde des assassins étatiques.

4. Adam Leong Kok Wey, *Killing the Ennemy, Assassination Operations during World War II*, Bloomsbury, 2015.

I

Un métier vieux comme le monde

« L'utilisation maximale des forces n'est absolument pas incompatible avec l'utilisation simultanée de l'intellect. »

Carl Von Clausewitz, *De la Guerre*

L'assassinat fait partie de l'histoire humaine dès ses origines. Aussi loin que remontent les récits historiques, ils mentionnent des assassinats ciblés, c'est-à-dire des éliminations de personnages clés par des entités, étatiques ou proches de la tête du pouvoir, dans le but de servir leurs intérêts en influant sur le cours des événements historiques.

Le célèbre traité de stratégie et de tactique *L'Art de la guerre* de Sun Tzu, évoque le sujet en incitant le lecteur à « attaquer les stratégies ennemies », ce qui est interprété par des experts chinois comme une référence à une pratique similaire à celle des assassinats ciblés, notamment en raison de l'omniprésence de cette pratique au moment où le texte a été écrit, au ve siècle avant notre ère. Par exemple, un texte chinois de 1888 explique, en analysant l'œuvre, que « la meilleure stratégie semble être d'attaquer la sagesse et l'expérience de l'ennemi[1] ». Un passage du texte original se montre plus clair : Sun Tzu écrit que « dans le cas des armées que vous souhaitez attaquer, des villes que vous souhaitez prendre et des personnes que vous souhaitez assassiner, vous devez connaître les noms des commandants de garnison, des officiers principaux, des gardes des portes et des gardes du corps ». Il faut ainsi se constituer une liste de personnes à tuer, à la fois pour perturber les opérations ennemies, mais aussi pour effrayer ses dirigeants et ceux qui seraient tentés de prendre la place des morts.

Qu'ils soient considérés comme nécessaires ou abusifs, les assassinats ciblés sont aussi présents dans le monde biblique ou dans les actions du prophète Mohammed. La vie des acteurs clés de ces textes est encore plus riche en éliminations ciblées.

Dans l'Ancien Testament, le roi David fait par exemple placer Urie le Hittite en première ligne lors

1. Yü Shih-nan (comp.), "Pei-t'ang shu-sh'ao (1888)", cité dans Sun Tzu : *The Art of Warfare*, traduction par Roget T. Ames, Ballantine, 1993.

d'une bataille afin qu'il meure, pour lui prendre sa femme Bethsabée. Cet assassinat par procuration (le roi ordonne aux autres soldats de reculer, pour s'assurer qu'Urie meure) n'est pas à proprement parler un assassinat étatique, mais sa mention dans les textes montre à quel point la pratique était répandue et était déjà un sujet de débat, du moins lors de la retranscription de l'Ancien Testament.

De son côté, le prophète Mohammed avait l'habitude de faire éliminer ses opposants, notamment à Médine[2]. Les Juifs, mais aussi ceux parmi ses proches qui s'opposent à sa politique de pillage des caravanes pacifiques, finissent assassinés, y compris certains membres de sa famille.

Dans l'histoire, durant l'Antiquité déjà, l'assassinat ciblé fait partie de la vie quotidienne. Parfait exemple de cette ambiance tendue, le jeune roi du Pont et du Bosphore Mithridate VI ingère régulièrement de petites doses de poison pour y accoutumer son corps, tant il craint que les assassins ayant éliminé son père, probablement sur ordre de sa mère Laodicé VI, ne viennent le cibler à son tour. La légende raconte qu'à la fin de sa vie, vaincu par le général romain Pompée

2. Lire les récits des premiers chroniqueurs de la vie du prophète, Ibn Hichâm et Tabarî.

et renversé par son fils, Mithridate VI a si bien réussi à s'immuniser contre le poison qu'il ne parvient pas à se suicider. Il doit demander l'aide d'un garde du corps pour mettre fin à ses jours, en 63 av. J.-C.

Le grand Pompée, à défaut d'avoir pu accomplir pleinement son destin de « Pompée le Grand », comme ses soldats le surnommaient, n'est pas épargné par l'omniprésence des assassinats ciblés. Ayant perdu son duel face à César, cet autre virtuose des légions prend la fuite et se réfugie en 48 av. J.-C. en Égypte, où le pharaon Ptolémée XIII accepte de l'accueillir. Mais piégés dans un dilemme infernal – accueillir Pompée tout comme le refouler ne sont pas des solutions acceptables – et peut-être par souci de plaire à César, les Égyptiens le tuent dès son arrivée, sur la plage de Péluse. Lorsqu'il débarque en Égypte croyant poursuivre Pompée, César découvre que Pompée n'est plus qu'une tête dans une boîte… Il fait tuer ceux qui l'ont assassiné : seul César peut décider d'exécuter un général romain ! L'homme offre des funérailles et un tombeau à son ancien ennemi. Même s'il peut être considéré comme raté, cet assassinat ciblé a des conséquences majeures sur l'avenir de l'Égypte, puisque César fait par la suite déposer Ptolémée XIII pour mettre au pouvoir sa célèbre sœur, Cléopâtre.

Les Assassins (les vrais)

Comment parler d'assassinats ciblés sans évoquer ceux qui ont donné leur nom à cette pratique? La « secte des Assassins », ou secte islamique ismaélienne des Nizârites, culmine entre le XIe et le XIIIe siècle au Proche-Orient. Experts de l'assassinat ciblé, ils s'en prennent à tous les grands acteurs de la région, des Arabes aux Mongols, en passant bien sûr par les Croisés, en fonction de celui qui leur offre la meilleure récompense[3]. Dans le contexte des grands affrontements qui déchirent la région, ils tirent étonnamment bien leur épingle du jeu, preuve que ce qu'ils offrent, l'assassinat ciblé, est un produit très recherché! « Les Assassins savent s'insérer dans ce monde divisé, et jouent des hostilités mutuelles pour s'imposer comme un pouvoir majeur », écrit l'historien Florian Besson[4].

Des califes, des rois, des vizirs, des généraux passent par le fil de leurs poignards que l'on dit empoisonnés, le plus souvent en public afin de faire régner la terreur[5]... et peut-être aussi pour promouvoir leurs

---

3. Leurs pratiques sont détaillées par Yuval Noah Harari dans son livre *Special Operations in the Age of Chivalry, 1100 – 1550*, Woodbridge, The Boydell Press, 2007.
4. « Les Assassins », *Les clés du Moyen-Orient*, 17 juin 2013, consulté le 14 janvier 2023 sur https://www.lesclesdumoyenorient.com/Les-Assassins.html
5. Bernard Lewis, *The Assassins, A radical Sect in Islam*, Phoenix, 1967.

services. Leur succès illustre aussi bien l'importance de l'assassinat dans la guerre à cette époque, que les précautions déjà prises par certains dirigeants pour ne pas se salir les mains trop directement, en embauchant des professionnels du meurtre. Amis des chevaliers Hospitaliers, les Assassins – qui tirent leur nom de leur consommation supposée de haschisch – ne se battent pas pour la foi, mais pour exister malgré les engrenages écrasants impliquant les grandes puissances qui les entourent. Entre 1174 et 1176, ils essaient d'ailleurs d'assassiner Saladin, probablement à la demande de dirigeants chrétiens. Le sultan échappe aux commandos des Assassins, mais doit prendre des mesures drastiques : il dort dans une tour en bois, entouré de gardes. Il finit par accepter un accord avec la secte : il les laisse opérer sur leurs territoires en échange de l'arrêt des tentatives d'assassinat.

Pour recruter leurs porteurs de dague, les dirigeants de la secte avaient une technique bien particulière. Les jeunes hommes étaient drogués, puis placés pour une nuit dans un jardin luxuriant garni de victuailles, de vin et, bien sûr, de femmes magnifiques. L'expérience était destinée, racontent les historiens, à donner un aperçu du paradis tel qu'il est décrit dans le Coran, pour ensuite promettre à ceux qui mourraient pour la cause qu'ils rejoindraient ce lieu pour l'éternité. Résultat : les écrits racontent tous que les assassins étaient prêts à mourir sans hésitation.

« Les Nizârites ont démontré qu'il est préférable, plutôt que d'affronter ses ennemis sur le champ de bataille, d'engranger des concessions politiques de haute valeur en menant des opérations d'assassinat contre des cibles humaines sélectionnées », estime l'historien Adam Leong Kok Wey[6]. Il s'agit selon lui d'une « méthode peu coûteuse pour forcer à la fois les ennemis et les alliés à accepter les demandes des Nizârites ». Souvent comparés aux Templiers tant leur mythologie a été enrichie plusieurs siècles durant de légendes folles, les Assassins sont balayés par la conquête mongole au XIIIe siècle.

La défaite surprise des Cathares

À la bataille de Muret[7], en 1213, les Croisés commandés par Simon de Montfort sont assiégés par une armée fidèle à la cause cathare huit fois supérieure en nombre, commandée notamment par le roi Pierre II d'Aragon, vainqueur un an plus tôt des Maures à Las Navas de Tolosa. Sûr de son destin, ce dernier souhaite

6. Adam Leong Kok Wey, *Killing the Ennemy, Assassination Operations during World War II*, Bloomsbury, 2015.
7. Château situé à environ 25 km au sud de Toulouse.

une victoire éclatante sur le champ de bataille et non par le seul siège du château, conquis quelques années plus tôt par les Croisés. Simon de Montfort, de son côté, voit ses vivres s'épuiser et ne demande qu'à livrer bataille au plus vite. Habile stratège, il prévoit de simuler une fuite avant de percer les lignes ennemies avec une attaque fulgurante. Son idée fonctionne parfaitement, au point que deux chevaliers croisés se lancent dans une entreprise audacieuse. Ils décident de poursuivre la percée et d'éliminer le roi d'Aragon, avec l'espoir de mettre fin à la bataille. Ils foncent d'abord sur un soldat qui porte les habits du roi, une pratique répandue à l'époque, justement dans le but de protéger le souverain. Alors que des Cathares et leurs alliés s'inquiètent de la mort du roi et commencent à se disperser, le vrai Pierre II d'Aragon se montre, criant qu'il est bien vivant. Bien mal lui en prend : les Croisés foncent sur lui, tuant cette fois la bonne cible. Cette élimination sur le champ de bataille, qu'il serait hasardeux de qualifier d'assassinat ciblé mais qui en porte toutefois certains traits, met fin à la bataille et porte un coup quasi fatal aux Cathares. Les Toulousains de Raymond VI quittent les lieux sans combattre et les milices sont massacrées par les Croisés. Plus de 15 000 soldats cathares ou de leurs alliés meurent sous les coups de moins de 2 000 Croisés, simplement parce que le roi d'Aragon a été éliminé, faisant éclater la coalition qu'il dirigeait. Coup de grâce pour les

Cathares : le prince d'Aragon âgé de six ans, Jacques, est de plus fait prisonnier.

L'Utopie de Thomas More

Conseiller du roi Henri VIII, diplomate et élu au Parlement, Thomas More a fait l'expérience de l'exercice du pouvoir comme très peu de ses contemporains. En 1516, il publie son *Utopie*[8], un livre dans lequel il imagine une société idéale fondée sur des valeurs d'égalité, mais aussi sur une certaine conception de la stratégie et de la tactique de guerre. « Lorsque la bataille bat son plein, un groupe de jeunes hommes spécialement sélectionnés et qui se sont juré d'aller jusqu'au bout, essaient de frapper le général ennemi. Ils continuent de le harceler par tous les moyens – attaques frontales, embuscades, tirs d'archers à longue portée, combat au corps-à-corps. Ils s'abattent sur lui grâce à une solide formation en triangle, dont la pointe est en permanence renouvelée avec des soldats en forme. Le résultat est que le général est presque toujours tué ou capturé, sauf s'il fuit », écrit Thomas More. L'homme imaginait donc une tactique d'assassinat ciblé sur le champ de bataille, menée par un groupe que l'on pourrait comparer à des forces

8. Thomas More, *L'Utopie*, trad. Victor Stouvenel, Librio, 2023.

spéciales. Malgré sa décapitation par Henri VIII en 1535, ses idées continueront longtemps d'influencer les stratèges militaires.

Guillaume d'Orange et le menuisier de Dôle

En janvier 1579, le roi d'Espagne Philippe II entre dans une colère noire. Guillaume d'Orange, qu'il avait nommé *stathouder* (gouverneur) des Provinces-Unies alors territoire espagnol, n'en finit pas de franchir des lignes rouges. À la tête d'une révolte calviniste, celui qui restera dans l'histoire comme Guillaume le Taciturne s'en prend directement au monarque et promet d'amener son peuple jusqu'à l'indépendance. Lassé par des années de conflit, Philippe II prend une décision rarissime : il promet une récompense faramineuse à qui assassinera le traître. En janvier 1582, un premier attentat au pistolet est raté. La balle traverse la tête de Guillaume entre l'oreille droite et la joue gauche, lui cassant deux dents et touchant la veine jugulaire... mais l'homme s'en sort miraculeusement. Après plusieurs autres tentatives ratées, c'est Balthazar Gérard, un menuisier de Dôle, qui réussit finalement en 1584 à tuer Guillaume Ier d'Orange, en s'infiltrant dans son entourage à son quartier général de Delft. Arrêté, l'assassin est exécuté et c'est à sa famille comtoise que l'Espagne verse la récompense promise.

Il s'agit du premier assassinat ciblé d'un chef d'État par une arme de poing.

Concino Concini face au roi

Le cardinal Concino Concini est un homme aussi puissant que détesté. Jugé arrogant par les grands seigneurs comme par le peuple français, ce noble d'origine italienne ne doit son ascension à la cour d'Henri IV qu'à sa proximité avec la reine, Marie de Médicis, qui en fait son favori. Malheureusement pour lui, le fils de cette dernière, le futur Louis XIII, le perçoit comme un obstacle à l'accession au trône. Marquis d'Ancre, gouverneur de Péronne, de Roye et de Montdidier, élevé à la distinction de maréchal de France, Concino Concini se mêle de tout et dispose d'une armée personnelle de 7 000 hommes, ce qui rend impossible son arrestation sans risquer une guerre civile. Le dauphin, soucieux d'assurer son avenir, décide de le faire assassiner. Le 24 avril 1617, alors que Concino Concini vient rejoindre la régente avec le pas assuré d'un quasi-chef d'État et une escorte réduite, il se fait intercepter sur le pont du Louvre. Le capitaine de la garde le blesse avec son pistolet et les gardes l'achèvent à l'épée. « Grand merci, grâce à vous, à cette heure je suis roi », lance Louis XIII aux soldats, depuis une fenêtre du palais.

L'assassinat ciblé de Concino Concini a presque été une arme de guerre… civile.

Fuller et les premiers tanks

L'officier britannique John Frederick Charles Fuller a une guerre d'avance. Nommé chef d'état-major du corps royal blindé en 1916, il est un stratège de la guerre des tanks avant même que les champs de bataille en soient envahis. Dans un texte nommé *La Paralysie stratégique comme objectif d'une attaque décisive*[9], il conceptualise l'assassinat ciblé du haut commandement ennemi comme un moyen de paralyser les troupes adverses et de prendre l'ascendant, dans un contexte où les guerres de tranchées font rage et semblent devoir durer des années. Dans son « plan 1919 », qui n'aura, comme son nom l'indique, pas le temps d'être appliqué avant que la guerre ne s'achève en 1918, il envisage des percées de la ligne de front par les tanks, non pas seulement pour protéger l'infanterie pendant qu'elle traverse le *no man's land* séparant les tranchées amies des positions ennemies. Il les planifie également pour envoyer les blindés plus loin derrière les lignes ennemies traquer les centres de commandement et

9. J.F.C Fuller, *The Conduct of War, 1789-1961*, Eyre & Spottiswoode, 1961.

éliminer les généraux pouvant ordonner une contre-attaque. Il esquisse des attaques éclair blindées précédant les offensives générales, afin de « détruire le cerveau », de « détruire le commandement non pas après l'offensive, mais avant, afin que l'ennemi se trouve dans un état de complète désorganisation lors de l'attaque ». Il s'agit d'une tactique de combat sur le champ de bataille… mais qui a des airs d'assassinat ciblé.

Durant la Seconde Guerre mondiale

La guerre de 1939-1945 est l'occasion pour les forces spéciales de se constituer au sein des armées et en tant qu'outil de guerre. La naissance du Special Air Service (SAS) britannique en Afrique est emblématique de ces évolutions. Popularisée par l'excellente série *Rogue Heroes* de la BBC[10], l'histoire de ces fous du désert, géniaux débrouillards et têtes brûlées, montre bien le processus difficile de création d'une force spéciale. D'abord vue comme un épouvantail pour l'ennemi, elle devient indispensable aux yeux du haut commandement qui se rend compte de sa redoutable efficacité pour détruire des avions au sol, pour couper

10. *Rogue Heroes*, créée par Steven Knight, 2022. Inspirée du livre *SAS Rogue Heroes* de Ben Macintyre (Viking, 2016).

des lignes de ravitaillement et, parfois, pour éliminer un adversaire trop efficace. Petit à petit, l'élimination des cadres commence à être vue comme une troisième voie vers la victoire, en plus de l'attrition et de l'annihilation[11] des forces ennemies.

L'opération Anthropoid

Reinhard Heydrich fait son apparition sur les radars des services de renseignement alliés huit ans avant le déclenchement de la Seconde Guerre mondiale, lorsque Heinrich Himmler, l'un des très proches d'Adolf Hitler, lui confie la création du Sicherheitsdienst, le futur service de renseignement du parti nazi. Cette confiance soudaine accordée à un officier fraîchement renvoyé de la marine surprend, au point que l'on se demande si son renvoi n'a pas été une mise en scène pour le faire transiter discrètement vers les rangs du parti nazi et de son appareil sécuritaire. Lorsque Hitler est nommé chancelier du Reich, en 1933, Heydrich prend véritablement son envol. Il enchaîne les promotions et se constitue un CV funeste qui lui garantit l'intérêt durable des services étrangers. Il organise en 1934 avec Himmler la Nuit

11. Sur ce point, lire Alastair Finlan, *Special Forces, Strategy and the War on Terror : Warfare by other means* (Routledge, 2008).

des longs couteaux pour s'affranchir de la tutelle des paramilitaires de la SA ; il prend la tête des polices du Reich (y compris de la Gestapo) ; il détaille dans une note la manière dont on peut s'attaquer aux Juifs lors de la Nuit de cristal en 1938 ; il met en scène les fausses attaques polonaises contre des intérêts allemands qui justifient l'invasion de la Pologne en 1939 ; la même année, il crée les Einsatzgruppen, les commandos de la mort, qui extermineront des centaines de milliers de personnes, essentiellement juives. L'homme est aussi au centre de la conférence de Wannsee, qu'il préside personnellement le 20 janvier 1942. Sur instruction de Göring, il convoque une quinzaine de responsables de second plan du Reich, dont Adolf Eichmann, pour organiser, très froidement et méthodiquement, la « solution finale », c'est-à-dire l'extermination des Juifs d'Europe. Nommé vice-gouverneur de Bohême-Moravie (en réalité, il en est le numéro un), il applique une politique extrêmement brutale contre la population et, bien sûr, contre les Juifs. Désormais installé à Prague, il devient une cible plus facile…

Le 27 mai 1942, Reinhard Heydrich monte à bord de sa mercedes décapotable. Comme tous les matins, il s'assoit directement à côté de son chauffeur, qui l'emmène de sa résidence à ses bureaux. Il considère que le fait de voyager sans escorte et dans une voiture non blindée est un outil de propagande. Quelle meilleure preuve de la réussite de ses politiques que la liberté pour lui de circuler les cheveux au vent ? Mais sur le trajet, trois hommes lui tendent un guet-apens. Identifiés par le gouvernement tchécoslovaque en exil, ces anciens militaires tchécoslovaques ont été entraînés en Angleterre par le Special operations executive (SOE), un service de renseignement britannique spécialement créé pour soutenir les résistances européennes et cibler des personnalités ennemies. Ils ont été parachutés près de Prague cinq mois plus tôt, temps qu'ils ont mis à profit pour mener plusieurs tentatives ratées, puis pour préparer minutieusement leur opération du 27 mai. Malgré une interdiction formelle, ils prennent contact avec les réseaux de résistance locaux, qui comprennent rapidement l'objectif de l'Opération Anthropoid. Leur chef, Ladislav Vanek, les supplie d'annuler leurs plans, car il sait que les représailles seront sanglantes. Il contacte même le président tchécoslovaque en exil à Londres pour lui faire la même requête, en vain.

Heydrich est en retard ce matin, il a joué avec ses enfants et quitte sa maison une heure plus tard que prévu. Alors que la voiture ralentit pour s'engager dans un virage serré, l'un des membres du commando se place dans sa trajectoire et dégaine son pistolet mitrailleur Sten… qui s'enraye. Aucune balle ne part, le face-à-face est irréel. Pas effrayé, Heydrich réagit en soldat et ordonne à son chauffeur de s'arrêter au lieu d'accélérer. Il se met debout dans la voiture pour tirer sur l'assaillant avec son pistolet. Pendant ce temps, un second membre du commando lance une grenade sur la voiture, mais elle explose juste à côté. Heydrich est mis K.O. par le souffle de l'explosion, mais n'est touché que par quelques éclats qui traversent le siège avant de se loger dans son dos. Sous le choc, il ordonne tout de même à son chauffeur de poursuivre à pied un des fuyards. L'homme s'exécute mais est finalement blessé par le parachutiste, qui réussit à s'enfuir.

Heydrich est vivant. L'opération est un échec, du moins aux yeux des membres du commando. Mais c'est sans compter sur un coup du destin. Dans les jours qui suivent, l'officier allemand se remet de ses blessures et se croit sorti d'affaire. Il reçoit la visite d'Himmler, lequel a pris soin d'emmener son médecin personnel. Mais l'état de Heydrich se dégrade subitement : il tombe dans le coma. Et pour cause : des morceaux du rembourrage du siège en crin de cheval, qui se sont logés dans son dos avec les éclats de la grenade, ont provoqué une septicémie foudroyante, à laquelle il succombe le 4 juin.

Dans les jours qui suivent, la SS se venge. Sur ordre d'Hitler, une centaine de membres de l'intelligentsia tchèque sont exécutés sans délai. Puis une seconde vague de représailles est lancée : 5 000 civils, notamment des habitants de villages soupçonnés d'avoir hébergé les parachutistes, sont exécutés ou déportés, et ne reviendront jamais. À Lidice par exemple, les 173 hommes du village sont abattus d'une balle dans la tête, alors que 104 femmes et enfants sont déportés et neuf bébés considérés comme « germanisables » sont envoyés en Allemagne pour adoption[12]. Même chose à Lezaky, où 57 villageois sont exécutés. Les maisons sont rasées, les puits sont comblés : les deux villages sont rayés de la carte par les nazis. L'adjoint de Heydrich, le lieutenant-colonel SS Karl Hermann Frank, commence à s'inquiéter non pas du sort des civils mais de la continuité de la production industrielle de cette région, essentielle à l'effort de guerre allemand. Il s'envole pour Berlin et rencontre Hitler pour lui demander de stopper les représailles. En vain. Hitler déclare que les assassins doivent être livrés aux forces allemandes, sans quoi la nation tchécoslovaque sera annihilée, rien de moins[13]. Il relève Frank de ses fonctions, pour donner à Himmler carte blanche et nommer un général SS au poste de Heydrich.

---

12. *Ibid.*
13. Cet épisode est raconté par le général Moravec, chef du renseignement militaire tchécoslovaque, dans ses mémoires, *Master of spies*, éd. The Bodley Head, 1975. C'est d'ailleurs lui qui a révélé que l'assassinat avait été mené par des soldats tchécoslovaques membres du SOE britannique et non par des résistants locaux.

Face aux moyens colossaux déployés par Himmler pour les traquer, les membres du commando ne survivent pas longtemps à leur exploit. Ils se retrouvent seuls dans une ville qu'ils ne connaissent pas: les militaires originaires de Prague ont été exclus de la sélection du commando pour éviter qu'ils ne soient malencontreusement reconnus dans la rue. Hébergés par des prêtres orthodoxes, ils sont finalement trahis par un résistant qui a été informé de leur présence. Cet homme, capturé avec son fils – sa femme se suicide juste avant d'être prise – ne craque pas sous la torture. Himmler ordonne qu'on mette la tête de la femme dans un aquarium et qu'on la montre au fils, qui révèle la localisation du commando. Au matin du 18 juin 1942, soit trois semaines après l'attaque, 700 soldats allemands encerclent l'église avec l'ordre de les prendre vivants, ce qu'ils ne parviendront pas à faire. Les parachutistes meurent dans l'opération, soit au combat soit en se suicidant, après les tentatives d'enfumage et de noyade de la crypte par les SS. Les officiers de renseignement britanniques qui avaient briefé les commandos avant leur départ avaient raison : c'était une mission suicide. Les prêtres orthodoxes et leur évêque sont aussi arrêtés, jugés et exécutés.

L'opération Anthropoid est le seul assassinat ciblé réussi d'un haut responsable nazi durant la Seconde Guerre mondiale. Outre la neutralisation d'un boucher du régime nazi, payée au prix fort par des milliers de civils, cette élimination par des citoyens tchécoslovaques permet au gouvernement en exil de redorer son blason, alors que les Alliés jugent le pays trop coopératif avec l'occupant allemand et sa résistance trop peu active. Les dirigeants en exil espèrent atteindre trois objectifs : créer deux événements spectaculaires (l'assassinat et les représailles) pour prouver au monde entier l'implication des citoyens tchécoslovaques dans la Résistance ; augmenter l'exaspération du peuple tchécoslovaque contre l'occupant en raison des représailles ; et enfin être classés du côté des vainqueurs en cas de victoire face à l'Allemagne. Au moment de la prise de décision, à la fin de l'année 1941, le gouvernement en exil est conscient que l'assassinat aura des conséquences terribles sur la population, mais la situation est perçue comme désespérée. Non seulement la Tchécoslovaquie semble condamnée à être dissoute dans l'Allemagne nazie, mais les Alliés sont en train de perdre la guerre sur le front européen. L'armée du Reich, tout juste lancée dans l'opération Barbarossa, a remporté des victoires et semble en bonne posture pour rayer l'armée rouge de la carte. Les empires coloniaux sont eux aussi en perdition, en Afrique du Nord face à Rommel comme en Asie face aux Japonais. Ces derniers viennent de lancer leur attaque surprise contre Pearl Harbor, infligeant une profonde blessure à l'US Navy. Pour restaurer l'honneur du peuple tchécoslovaque aux yeux des Alliés et éliminer un officier nazi qui, s'il avait vécu, aurait de toute façon massacré des civils, l'opération Anthropoid apparaît comme justifiée aux yeux des dirigeants exilés. Un membre du parlement britannique de l'époque, Ronald T. Paget, résume[14] ainsi le processus de décision : « Parmi les tactiques de la guerre souterraine et partisane, figurait la provocation de représailles afin d'alimenter la haine contre l'occupant et recruter plus de membres de la Résistance ! C'est pour cette raison que nous avons parachuté une équipe en Tchécoslovaquie pour assassiner Heydrich. » Cela fonctionnera au-delà des espérances, y compris hors des frontières du pays : en Grande-Bretagne et aux États-Unis, des villes changent leur nom pour y ajouter Lidice. Le secrétaire américain à la marine, Frank Knox, assure que « si les générations futures demandent pourquoi nous nous sommes battus dans cette guerre, nous devrions leur raconter l'histoire de Lidice ». Le président de la République tchécoslovaque en exil, Edvard Beneš, résume pour sa part l'opération qu'il a autorisée en ces termes : « Ce qu'ont fait les nazis est terrible, mais du point de vue politique ces événements nous ont apporté une certitude : nous n'irons pas vers une situation dans laquelle la Tchécoslovaquie ne serait

14. Cité par Charles Wighton dans *Heydrich, l'Ange du mal*, Pocket, 1970.

pas reconnue comme un État indépendant. » Sans doute ne pouvaient-ils pas imaginer ce qui attendait leur pays dans les décennies suivantes, au sein de l'Union Soviétique…

L'opération Vengeance

Le 14 avril 1943, trois stations d'écoute du réseau « Magic » de l'US Navy dans le Pacifique captent le même message codé. Les services de renseignement le déchiffrent, avec l'aide d'ordinateurs IBM et surtout d'officiers américains d'origine japonaise, et peinent à croire ce qu'ils ont sous les yeux. Chiffré avec un vieux code naval périmé depuis deux mois, il s'agit de l'itinéraire complet de l'amiral Yamamoto pour sa tournée d'inspection dans les îles Salomon et en Nouvelle-Guinée, destinée à remonter le moral des troupes après la débâcle de Guadalcanal au début de l'année. Tout est détaillé : les horaires précis à la minute près, mais aussi le nombre et le type d'appareils de transport et d'escorte. L'exécutif américain est face à un dilemme. Roosevelt réfléchit : il a le pouvoir d'éliminer le cerveau de l'attaque contre Pearl Harbor le 7 décembre 1941, chef d'orchestre de la guerre du Pacifique côté japonais, mais cela risque de montrer à l'ennemi que son système de chiffrement a été décodé par les experts américains. Les archives ne permettent pas de savoir ce que le président américain a dit à son secrétaire à la Marine, ni ce que ce dernier a transmis à l'amiral Nimitz – l'homme qui signera la reddition du Japon au nom des États-Unis le 2 septembre 1945 – sur le théâtre d'opération. Après avoir hésité, notamment parce qu'il était inquiet de la capacité des Japonais à « trouver un commandant de la flotte plus efficace[15] », la décision est prise le 17 avril : Nimitz va faire assassiner son adversaire Yamamoto. Après tout, il est l'homme qui a attaqué Pearl Harbor sans déclaration de guerre, un acte que Roosevelt avait qualifié d'« infamie ».

Reste à trouver un plan d'action. Plutôt que de voler directement en direction du point d'interception situé à 640 km de la base américaine de Guadalcanal, les seize chasseurs P-38 américains devront contourner la couverture radar ennemie en faisant une boucle de 1 600 km au total, ce qui en fait la plus longue mission d'interception de la Seconde Guerre mondiale. Des réservoirs de kérosène sont d'ailleurs ajoutés sous les ailes des avions : ils seront utilisés puis largués juste avant l'attaque, pour une meilleure manœuvrabilité au combat. Un plan de vol est fourni aux intercepteurs américains par le commandement des opérations du

15. « La chose qui me préoccupe est : sont-ils capables de trouver un commandant de la flotte plus efficace ? », cité dans E.B. Potter, *Nimitz*, Naval Institute Press, 2008.

Pacifique, mais il est mis à la poubelle par le leader de la mission, le major Mitchell, qui recalcule tout l'itinéraire avec ses pilotes et décide qu'il approchera de sa cible au ras des vagues, à un maximum de 15 m d'altitude[16]. Pour s'orienter, le major ne se fonde que sur sa montre, sa boussole et son indicateur de vitesse. À l'époque, pas de GPS ni de centrale inertielle !

Le 18 avril au matin, à Rabaul, en Papouasie-Nouvelle-Guinée actuelle, Yamamoto s'envole pour un court vol de deux heures avec son escorte, malgré les supplications de certains officiers de la base qui craignent qu'il ne tombe dans une embuscade. Il doit rejoindre le terrain d'aviation de Balalae, près de l'île Bougainville. Cette base avait été construite quelques mois plus tôt par 517 prisonniers britanniques qui, une fois le travail terminé, furent tous exécutés par leurs geôliers japonais. Comme pour l'ensemble de la tournée, deux bombardiers moyens Mitsubishi G4M « Betty » sont utilisés pour le transport de la délégation, l'un embarquant l'amiral Yamamoto et l'autre le vice-amiral Ugaki. Six chasseurs Mitsubishi A6M « Zero » les accompagnent. À 9 h 34, avec une minute d'avance, les P-38 américains arrivent au point d'interception. Comme l'espérait Mitchell, les

16. La chaleur écrasante à basse altitude et l'absence de circuit d'air conditionné dans le cockpit conduira certains pilotes à voler torse nu.

Japonais sont exactement à l'heure, presque à la seconde près. À dix minutes de leur atterrissage, les pilotes nippons voient grimper vers eux la nuée d'appareils américains, dont un « commando » de quatre avions qui monte pleins gaz. Ce « *killer flight* » a pour unique mission d'abattre les bombardiers, pendant que les douze autres appareils occupent l'escorte. Les deux bombardiers plongent immédiatement, dans une manœuvre de survie, alors que l'escorte japonaise se rue sur les P-38. Tout se joue en quelques instants. Le bombardier transportant Yamamoto est immédiatement abattu et s'écrase dans la jungle : il n'y a aucun survivant. Le corps de l'amiral Yamamoto sera retrouvé le lendemain, toujours dans son siège et la main sur son *katana*, assurent les soldats japonais qui le découvrent[17]. Un appareil américain disparaît sans que ses camarades ne le voient être abattu. L'autre bombardier japonais essaie de s'échapper à très basse altitude mais est lui aussi touché : il s'écrase dans la mer. Trois Japonais survivent, dont le vice-amiral Ugaki. Leur mission accomplie, et avec le souci de conserver assez de kérosène pour rentrer à leur base, les P-38 rompent le combat sans avoir abattu un seul « Zero » de l'escorte. Plus modernes et rapides, les appareils américains s'échappent en un clin d'œil.

17. L'armée japonaise semble avoir mis en scène une mort « propre » et héroïque pour Yamamoto, mais la violence du choc et les blessures évoquées laissent plutôt supposer que son corps a été déchiqueté.

Le bilan final est d'un pilote mort côté américain, et vingt militaires morts dont l'amiral Yamamoto côté japonais. La nouvelle n'est confirmée que le 21 mai par les autorités japonaises, ce qui provoque un choc au sein de la population de l'archipel… et un soulagement dans les couloirs de la Maison-Blanche, où l'on attendait toujours une confirmation définitive. Celle-ci remonte le moral de la population et de l'armée américaines, entrées en guerre un an et demi plus tôt. À Londres, Winston Churchill est pris d'une colère noire: pour lui, aucun officier général, pas même Yamamoto, ne valait de risquer de laisser comprendre aux Japonais, et donc aux Allemands, que les codes de communication avaient été déchiffrés, et que les Alliés disposaient de moyens de calcul et d'experts capables de briser les codes au fur et à mesure qu'ils changeaient[18]. Surtout que, contrairement aux ordres, l'un des pilotes américains a rompu le silence radio en s'adressant à sa base de Guadalcanal sur le chemin du retour: « Ce fils de pute ne dictera pas ses termes à la Maison-Blanche! », s'est-il écrié, en référence à une déclaration attribuée à l'amiral, dans laquelle celui-ci promettait d'imposer les termes d'un traité de paix après avoir vaincu les États-Unis. Alors que la mission devait être présentée comme une interception

18. À titre d'exemple, les codes de chiffrement navals japonais étaient remplacés une à deux fois par mois.

d'opportunité, liée au hasard, les Japonais avaient là la confirmation que les Américains savaient que Yamamoto serait à bord de l'un des appareils abattus, et donc que leur code avait été compromis. Mais l'on ne sait toujours pas aujourd'hui si cette transmission a été captée ou non par les forces japonaises. Quoi qu'il en soit, Churchill aurait ordonné dans la foulée de l'opération Vengeance de stopper le partage des renseignements les plus secrets (« Ultra ») avec les États-Unis pendant plusieurs mois.

Notons que l'île de Bougainville sera le théâtre, un an plus tard, de la toute première frappe de drone connue dans l'Histoire[19]. Aussi incroyable que cela puisse paraître compte tenu des technologies disponibles à l'époque, Delmar Fahrney, officier de l'US Navy, réussit à développer dès 1942 un appareil viable et très peu coûteux : le TDR-1. Ce petit avion radiocommandé à distance est un bimoteur léger, fabriqué avec du bois produit par le géant du piano Wurlitzer et des tubes d'acier de vélo Schwinn. Le drone est piloté à distance depuis un avion accompagnateur, un TBM Avenger biplace, dans lequel s'installent un pilote pour l'avion et un pilote pour le drone en place arrière. Une caméra sur le

19. Preston Lerner, "The First drone strike in 1944", *Smithsonian Air&Space Magazine*, octobre 2017.

nez du drone envoie des images au télépilote, qui les visionne dans son cockpit sur un écran très rustique, mais suffisant pour voir les grosses cibles comme les navires ennemis. Le principe n'est pas de larguer la bombe embarquée, mais de projeter le drone sur la cible pour que sa bombe explose[20]. Delmar Fahrney surmonte ensuite un obstacle encore plus complexe : il convainc l'amirauté à Pearl Harbor de le laisser tester son joujou sur le champ de bataille. Après un vol de démonstration réussi le 30 juillet, c'est le 27 septembre 1944 que quatre drones décollent des îles Salomon pour frapper une batterie antiaérienne installée sur un navire échoué sur une plage de Bougainville. Un seul des quatre drones réussit à s'écraser sur sa cible, et sa bombe accomplit son office. Dans les mois suivants, les trois « groupes spéciaux » de drones poursuivent leurs actions et réussissent même, dans certains cas, à larguer la bombe au lieu de sacrifier le drone. Un tiers des appareils environ ratent leur cible, mais puisqu'ils volent toujours par deux (ou trois, voire quatre), les missions sont largement accomplies. Ce bilan en demi-teinte, combiné aux réticences des pilotes qui perçoivent bien le danger pour l'avenir de leur métier, laisse le Pentagone sceptique : les unités sont dissoutes et le dernier drone TDR-1 est envoyé

20. Le pilote de drone James J. Hall raconte le mode opératoire dans ses mémoires *American Kamikaze: The TDR, the U.S. Navy's Kamikaze*, J. Bryant Limited, 1984.

au musée[21]. Il faudra attendre la fin de l'année 2001 – dans la foulée des attentats du 11 septembre – pour que le premier drone de combat moderne et efficace, le MQ-1 *Predator* américain, tire un missile contre une cible réelle.

Opérations *Flipper* et *Gaff*, ou comment « se faire Rommel »

De 1940 à 1943, l'affrontement en Afrique du Nord entre les troupes alliées et les troupes de l'Axe est un tournant majeur de la Seconde Guerre mondiale. Le meilleur général d'Hitler, génial tacticien lors de la campagne de France durant laquelle il scelle l'encerclement des troupes françaises, réussit à renverser la dynamique en Afrique du Nord avec une armée inférieure en nombre et en matériel, galvanisée par sa seule présence. Il est considéré par les soldats, d'un côté comme de l'autre du front, comme un être presque surnaturel. Le moral des Alliés s'en trouve durement affaibli. D'où la volonté britannique d'assassiner ou de capturer Rommel, décrite par l'historien Michael Asher comme une série d'opérations pour « se faire Rommel[22] ». L'enjeu est d'autant plus important

21. Il est toujours exposé au Musée national de l'aéronavale, à Pensacola en Floride.
22. Michael Asher, *Get Rommel!*, Weidenfeld Military, 2004.

que les Britanniques s'apprêtent à lancer l'opération *Crusader,* une offensive de grande ampleur avant laquelle ils espèrent désorganiser la défense et la riposte allemande en coupant la tête de l'*Afrika Korps*.

Malgré l'engagement de moyens importants dans l'opération *Flipper* – une soixantaine de commandos convoyés par deux sous-marins –, cette tentative échoue. Et pour cause : Rommel n'est pas dans la résidence visée mais en déplacement en Europe. Le renseignement britannique l'a appris quelques jours plus tôt via son système d'écoutes *Ultra*, mais l'information n'est pas arrivée à temps jusqu'aux responsables de l'opération, car classée à un niveau trop élevé pour eux. Afin de protéger le secret entourant l'existence du système de déchiffrement, seuls quelques hauts responsables avaient accès aux missives en clair. Pire, une fois l'information transmise sur le théâtre d'opérations, il est impossible de joindre les commandos, car ils ne disposent pas de radio : les spécialistes des transmissions ont été transférés ailleurs en vue de la dissolution de l'unité, jugée inutile. Le commandant de la mission, sur la plage, utilise une lampe de poche pour communiquer en morse avec les sous-marins, qui doivent s'éloigner après s'être délestés de seulement la moitié des commandos, le reste ne pouvant pas rejoindre la côte en raison du mauvais temps.

Après un assaut réussi sur la résidence de Rommel et un repli réussi jusqu'au point de rendez-vous avec les sous-marins, la malchance frappe de nouveau le commando. La météo empêche de réembarquer, il faut attendre. Une nouvelle tentative a lieu le lendemain, sans succès. Les commandos se dispersent pour échapper aux soldats allemands et italiens qui approchent. En vain : la quasi-totalité de l'unité est tuée ou capturée dans les heures suivantes. Seuls deux survivants réussissent, après 41 jours de fuite dans le désert, à rejoindre les lignes britanniques. Apprenant la nouvelle de l'assaut sur la villa, Rommel se serait déclaré « choqué » que les Alliés aient vraiment cru que son quartier général était installé à plusieurs centaines de kilomètres du front, lui qui était connu pour préférer commander ses troupes quasiment depuis la ligne de front.

Une seconde tentative a lieu après le Débarquement de Normandie, en 1944 : l'opération *Gaff*. L'objectif, de nouveau, est de capturer ou tuer Rommel, muté par Hitler sur le mur de l'Atlantique. Le général est tombé en disgrâce auprès du chef suprême après le débarquement américain et la défaite de l'Axe en Afrique du Nord. Alors que tous les responsables allemands, à commencer par Hitler, attendaient un débarquement dans le Pas-de-Calais, Rommel prédit le *Jour J* en ces termes, deux mois avant le débarquement du 6 juin 1944 : « Si vous pensez qu'ils arriveront par beau temps, en empruntant l'itinéraire le plus direct, et qu'ils vous préviendront à l'avance vous vous trompez. Les Alliés débarqueront par un temps épouvantable en choisissant l'itinéraire le plus long. Le débarquement aura lieu ici, en Normandie, et ce jour sera le jour le plus long. »

Lorsqu'elles débarquent en Normandie, les forces alliées sont confrontées à une résistance acharnée des troupes allemandes, sous les ordres de Rommel qui a fortement renforcé les défenses des côtes normandes jusqu'au dernier moment. Avec une seule division blindée, il humilie les forces britanniques qui devaient prendre Caen le premier jour, mais mettront deux mois à atteindre cet objectif. C'est le génie de Rommel pour défendre Caen qui pousse les Alliés à lancer l'opération *Gaff*.

Un mois et demi après le Débarquement, le 20 juillet 1944, l'opération est déclenchée après la réception d'une note du renseignement du 18 juillet confirmant que Rommel est bien dans son quartier général au château de la Roche-Guyon, dans l'Oise. Le Special Air Service britannique (SAS) envoie une équipe de six commandos français qui reçoivent l'ordre suivant : « Tuez, ou kidnappez et convoyez en Angleterre, le maréchal Rommel ou tout membre de premier plan de son état-major. [...] S'il s'avère possible de kidnapper Rommel et de le ramener dans ce pays, cela aurait une immense valeur pour la propagande et les inévitables représailles contre la population locale seraient limitées ou évitées », poursuit le document, avant de prévenir les soldats : « Tuer Rommel serait évidemment plus facile que de le capturer, et il est préférable de s'assurer de le tuer plutôt que de tenter et rater un kidnapping[23]. » Les soldats sont parachutés le 25 juillet, convainquent trois habitants de leur servir de guides durant les cinq jours nécessaires pour le trajet à pied et les reconnaissances du château. Hébergés par un couple de Français, ils apprennent que Rommel n'est plus là : sa voiture a été mitraillée par un chasseur allié et il a été évacué vers un hôpital... le 17 juillet ! Le haut commandement allié a eu confirmation de cette information le 18 juillet, c'est-à-dire deux jours avant l'envoi des ordres pour l'opération *Gaff*, et une semaine avant le parachutage du commando. Les soldats fulminent. Encore une fois, la diffusion défaillante du renseignement fait prendre des risques inutiles à des combattants alliés. Mais cette fois, contrairement à l'opération *Flipper*, les soldats ont appris la nouvelle avant de donner l'assaut sur la résidence. Le commando décide de rester dans la zone afin de mener des actions de sabotage : ils détruisent

23. Document original conservé par The National Archives, WO 218/191.

deux trains et sept camions, tuant ou blessant au moins 16 soldats allemands. Ils ne repasseront les lignes alliées que le 13 août, rejoignant la IIIe Armée américaine du général Patton. Quant à Rommel, il sera finalement tué... par Hitler, qui le soupçonne d'avoir participé à la tentative d'assassinat du 20 juillet 1944 contre lui, l'opération Walkyrie. Le Führer lui laisse le choix entre un procès public ou le suicide. Le 14 octobre 1944, Rommel choisit de mettre fin à ses jours pour épargner sa famille.

Les assassinats ciblés post-1945

Israël, champion de l'assassinat ciblé

« Depuis la Seconde Guerre mondiale, Israël a utilisé les assassinats ciblés plus que toute autre puissance occidentale, mettant souvent en danger des vies civiles », écrit en 2018 le journaliste d'investigation israélien Ronen Bergman dans le *New York Times Magazine*[24]. Force est de constater que l'État hébreu – et notamment son service secret, le Mossad – a été très actif. Les assassinats ciblés sont perpétrés dans le monde entier, visiblement sans prise en compte

24. "How Arafat Eluded Israel's Assassination Machine", *The New York Times Magazine*, 23 janvier 2018.

des conséquences politiques de possibles ratés et sans se soucier d'éventuelles victimes collatérales. Voici une liste non exhaustive des cibles de premier plan éliminées ces dernières décennies, qui ne doit pas faire oublier les milliers d'assassinats ciblés perpétrés dans le même temps contre des militants, des scientifiques ou des responsables de rang inférieur.

Lors de l'opération Printemps de la jeunesse en 1973, un raid israélien sur Beyrouth, trois responsables de premier plan de l'Organisation de libération de la Palestine (OLP) sont exécutés par des commandos de l'armée israélienne, au cours d'opérations très risquées impliquant aussi des agents du Mossad. Encerclé par des ennemis potentiels, l'État hébreu opère quasi ouvertement sur le territoire libanais, au nom de sa survie.

Sept ans plus tard, en 1980, le Mossad exécute Yahya El Mashad, un physicien égyptien. L'homme, qui dirige le programme nucléaire irakien, est assassiné dans sa chambre d'hôtel à Paris. Cet assassinat au cœur de la capitale d'un pays puissant et ami montre bien que le Mossad n'a pas de limites géographiques ou politiques.

En 1988, Khalil al-Wazir (Abu Jihad), l'un des leaders du Fatah, est exécuté à Tunis, ville dans laquelle le Mossad est déjà et restera très actif. Le réseau d'informateurs de l'État hébreu au Maghreb, base arrière d'une partie des activités anti-israéliennes, est jugé crucial.

En 1990, l'ingénieur canadien Gerald Bull est assassiné devant son domicile de Bruxelles, probablement par le Mossad. L'homme, dont le rêve était d'envoyer des satellites dans l'espace grâce à un canon géant, travaillait sur un projet d'artillerie à longue portée pour le régime de Saddam Hussein. Grand mal lui en a pris…

En 1992, le secrétaire général du Hezbollah Abbas al-Musawi est tué par l'armée israélienne dans le sud du Liban. Les missiles des hélicoptères Apache tuent aussi sa femme, son fils de cinq ans et quatre accompagnateurs.

En 1993, des soldats isréaliens exécutent le chef militaire du Hamas, Emad Akel, près de Gaza. C'est une immense victoire pour Tsahal, qui abat sa première cible « VIP » dans ce conflit, après des heures de siège de la maison dans laquelle il était retranché.

En 1995, c'est le secrétaire général du djihad islamique palestinien, Fathi Shaqaqi, qui est exécuté par une équipe du Mossad devant l'hôtel *Diplomat*, à Malte, alors qu'il revient d'un voyage en Libye durant lequel Mouammar Kadhafi lui a promis de financer son mouvement. Une évolution probablement inacceptable pour les services israéliens : l'homme est abattu de six balles dans la tête. Plus de 40 000 personnes se réunissent pour ses funérailles à Damas.

En 1996, le Mossad réussit à faire exploser le téléphone de Yahya Ayyash en glissant 50 grammes d'explosifs dans l'appareil. Surnommé « l'ingénieur », il était un expert en explosifs et artisan des bombes du Hamas. Le service secret a-t-il tenu à éliminer cette cible avec ses propres armes ? Le symbole est fort.

En 2001, le secrétaire général de l'Organisation de libération de la Palestine (OLP), Abu Ali Mustafa, est tué par une frappe d'hélicoptère israélien à Ramallah.

En 2004, c'est le fondateur du Hamas, Ahmed Ismail Yassin, qui est assassiné, là encore par des hélicoptères Apache qui tirent des missiles Hellfire alors qu'il quitte une mosquée. Sept autres personnes sont tuées. En 2006, le fondateur du comité de résistance populaire est tué de la même manière, à Rafah.

En 2008, l'explosion à Rafah de la voiture de Jamal Abu Samhadana, cofondateur du Hezbollah, est attribuée au Mossad. L'homme avait déjà survécu à une frappe aérienne israélienne ciblée contre lui en 2004. En 2008 toujours, le général syrien Muhammad Suleiman est assassiné par un commando de la marine israélienne près de Tartous. Il était le conseiller spécial de Bachar el-Assad pour l'équipement des forces armées et pour le développement des armements stratégiques. C'est cette dernière fonction qui lui aurait coûté la vie.

De 2010 à 2012, un programme du Mossad cible les physiciens de premier plan du programme nucléaire iranien. Deux sont tués en 2010 : Masoud Alimohammadi le 12 janvier devant sa maison et Majid Shahriari le 29 novembre alors qu'il conduit sa voiture sur laquelle des agents en moto fixent de l'explosif C4. Le même jour, Fereydoon Abbasi est aussi visé mais se jette hors de sa voiture en comprenant que des explosifs viennent d'être fixés par des hommes à moto : il survit. Le 23 juillet 2011, Darioush Rezaeinejad est abattu devant sa maison. Le 11 janvier 2012, exactement deux ans après le meurtre de Masoud Alimohammadi, c'est au tour de Mostafa Ahmadi Roshan, lui aussi visé par une bombe magnétique alors qu'il est au volant de sa voiture. À partir de 2012, ce programme est suspendu par le lancement des négociations pour un accord sur le nucléaire iranien.

En 2010, Mahmoud al-Mabhouh, un des chefs militaires du Hamas et cofondateur des brigades al-Qassam, est exécuté par un commando du Mossad dans sa luxueuse chambre d'hôtel à Dubai. L'homme travaillait très étroitement avec l'Iran, et l'État hébreu l'élimine tout naturellement, au grand jour, envoyant pas moins de 27 agents dans son hôtel. Tous utilisent une autre identité, bien réelle, grâce à des passeports récupérés aux quatre coins du monde, et incarnent des profils très différents. Cette opération est le symbole de la liberté que prennent les services spéciaux à l'aube d'une nouvelle ère, celle de la surveillance massive, dans laquelle il n'est plus possible de se cacher, d'échapper aux caméras, aux métadonnées des smartphones ou aux traces numériques laissées à chaque coin de couloir. Le message est clair : même sous l'œil des caméras, l'épée du Mossad s'abattra sur les ennemis d'Israël où qu'ils soient dans le monde.

En mars 2012, Zuhir al-Qaisi, le secrétaire général des comités de résistance populaires, est tué par une frappe aérienne israélienne sur sa voiture à Gaza. En novembre, Ahmed Jabari, chef militaire adjoint du Hamas qui a déjà échappé à cinq tentatives d'assassinat par Israël, est tué par une frappe de drone à Gaza, dans une opération conjointe de l'armée et du Shin Bet, le service de sécurité intérieure.

En 2014, Raed al-Atar est tué avec deux autres chefs militaires du Hamas par une frappe aérienne à Rafah.

En 2015, Jihad Mughniyah, un responsable du Hezbollah, est tué par une frappe aérienne israélienne sur le plateau du Golan, avec cinq autres responsables de l'organisation ainsi que six officiers des Gardiens de la révolution dont un général.

En 2016, le concepteur des drones du Hamas, le Tunisien Mohamed Zouari, est abattu à son domicile à Sfax.

En avril 2018, Fadi Mohammad al-Batsh, un autre ingénieur travaillant pour le Hamas, est abattu à Kuala Lumpur, en Malaisie, par deux tireurs à moto. En août, le scientifique Aziz Asbar, impliqué dans des programmes d'armement syriens dont celui des armes chimiques, est tué lors de l'explosion de sa voiture à Masyaf, en Syrie.

En 2019, Baha Abu al-Ata, l'un des chefs du jihad islamique à Gaza, est tué par une frappe aérienne israélienne grâce à une information obtenue par le Shin Bet.

En août 2020, Abdullah Ahmed Abdullah, numéro deux d'Al-Qaida, est assassiné à Téhéran par des agents israéliens, grâce à des renseignements américains que Washington a transmis à Tel-Aviv... semble-t-il, demandant expressément qu'il soit assassiné.

En novembre, le physicien nucléaire Mohsen Fakhrizadeh, à la tête du programme nucléaire iranien, est abattu par le Mossad près de Téhéran, dans une opération à peine croyable. Exaspérés par les nombreuses tentatives ratées contre cette cible, et pressés par la perspective de la défaite de Donald Trump à l'élection présidentielle fin 2021[25], les agents israéliens essaient une nouvelle tactique. Ils placent un pick-up en bord de route et cachent une arme dans du matériel de chantier à l'arrière. Jusque-là, rien d'exceptionnel. Sauf que, le jour J, personne n'est à bord pour appuyer sur la détente : le tueur est situé à plus de 1 600 km de là, et déclenche le tir à distance grâce à une connexion satellite entre la mitrailleuse et son ordinateur. Si la réussite de l'opération est largement le résultat de l'insouciance de Mohsen Fakhrizadeh, qui refusait d'être transporté en véhicule blindé, « c'est aussi l'inauguration d'un système de tireur d'élite high-tech, numérisé et doté d'intelligence artificielle et de multiples

25. Son rival, Joe Biden, avait déjà promis de relancer l'accord sur le nucléaire iranien, dénoncé par Donald Trump. Ce dernier s'était par ailleurs montré très ouvert aux projets d'Israël pour décapiter le programme nucléaire iranien.

angles de caméra, contrôlé par satellite et capable de tirer 600 coups par minute », écrit le *New York Times*[26], qui dévoile le scénario de l'attaque. Tout est méticuleusement calculé. L'intelligence artificielle embarquée dans le socle de la mitrailleuse permet au système de compenser le délai de transmission des ordres, estimé à 1,6 seconde par le quotidien américain, ainsi que la vibration induite par chaque tir et qui pourrait dévier les balles suivantes de la trajectoire voulue. Lorsque le convoi s'engage sur la route, une autre voiture abandonnée par le Mossad et équipée d'une caméra permet de vérifier que la cible est bien au volant. Et l'enquête montrera que les caméras de surveillance situées sur le boulevard ont été désactivées, soit à distance par des *hackers*, soit physiquement par les équipes du Mossad. Le convoi freine pour passer un ralentisseur, juste devant l'installation du Mossad. La mitrailleuse est activée. Elle tire deux rafales, 15 balles en tout, dont plusieurs se logent dans la colonne vertébrale de la cible, réfugiée derrière sa voiture. « Ils veulent me tuer, tu dois fuir », a-t-il le temps de dire à sa femme, puis il s'effondre sur le bitume. Elle reste lui tenir la tête sur ses genoux, alors que les gardes du corps désorientés cherchent l'assaillant. La voiture

26. Ronen Bergman and Farnaz Fassihi, "The Scientist and the A.I.-Assisted, Remote-Control Killing Machine", *The New York Times*, 18 septembre 2021.

du Mossad explose, comme prévu par les agents, mais contrairement aux espoirs du service israélien, son « robot tueur » est simplement projeté dans les airs, au lieu d'être déchiqueté. Endommagé, il reste exploitable par les services iraniens qui peuvent en analyser chaque détail. L'Iran assurera par la suite qu'un logiciel de reconnaissance faciale était installé dans le système, ce qui a permis de ne pas toucher d'autres personnes que le physicien.

En 2021, Hassan Sayyad Khodaei, un colonel de la force al-Qods des Gardiens de la révolution iraniens, spécialisé dans la guerre hybride, est abattu à Téhéran. En 2022, Tayseer al-Jabari, commandant du jihad islamique palestinien, est tué par une frappe aérienne qui marque le début de l'opération Aube naissante.

Cette liste impressionnante, et incomplète, montre à quel point Israël résout régulièrement ses problèmes en usant de l'assassinat ciblé. Ce mode opératoire est clairement une arme de guerre pour l'État hébreu, qui a développé depuis sa création en 1948 de nombreuses technologies lui permettant de traquer et d'éliminer des cibles. L'expertise des services de sécurité israéliens dans l'espionnage des télécommunications, celle des industriels de l'aéronautique dans les drones ou encore celle des laboratoires dans l'optronique de précision, résultent en grande partie de cette orientation de l'appareil militaire vers l'élimination ciblée.

La plupart de ces éliminations ciblées par Israël ont fourni des résultats mitigés. En dehors des cibles de très haute valeur, force est de constater que la plupart des tués ont rapidement été remplacés par des personnes de compétence proche ou égale. Israël s'en doutait : les lieutenants du Hamas ou du Hezbollah, les activistes ou les ingénieurs ont donc été tués pour obtenir un effet tactique à court terme, tout en instaurant un climat de peur à tous les échelons de pouvoir chez l'ennemi. En revanche, d'autres assassinats ont eu des conséquences à long terme, comme ceux des physiciens nucléaires iraniens, de conseillers haut placés ou de chefs militaires de premier plan. À l'échelon international, Israël est régulièrement pointé du doigt pour cette politique d'assassinats ciblés à outrance, y compris parfois par son plus fidèle allié, les États-Unis. Ce dernier n'a toutefois jamais réduit son soutien technologique et industriel à l'appareil d'élimination, alors que les hélicoptères Apache de Boeing et les missiles Hellfire de Lockheed Martin sont au cœur du système.

Opérations *Homo* : les meurtres français

« La DGSE ne révèle rien de ce qu'elle se trouve en mesure de cacher. Mais pour le reste, elle s'est ouverte ! »

Jean Guisnel, *Histoire secrète de la DGSE*

Le gouvernement français a adopté des attitudes très variables vis-à-vis des opérations *Homo*, c'est-à-dire des assassinats ciblés sanctionnés par l'Élysée et menés par les services secrets, d'abord le Service de documentation extérieure et de contre-espionnage (SDECE) puis la Direction générale du renseignement extérieur (DGSE). Chaque président a imprimé sa marque, avec des adeptes des éliminations (le général de Gaulle ou François Mitterrand, par exemple), ou des réticences systématiques (Valéry Giscard d'Estaing, par exemple). Les méthodes que la France s'autorise ou non dépendent, comme dans les autres pays, de la sensibilité du chef de l'exécutif, qui peut soutenir ou restreindre le recours aux assassinats ciblés. Chaque patron des services a aussi laissé son empreinte éthique dans la gestion de ces douloureuses décisions. L'expertise du service Action dans le domaine n'en a pas moins continué de progresser, avec des missions secrètes menées quasiment sans interruption depuis la fin de la IVe République.

Dans le cadre très dur de la guerre d'Algérie, la France a fait tomber de nombreux tabous. Une unité spéciale d'un millier de parachutistes a été constituée pour mener des assassinats ciblés et attaquer les bases du FLN hors du territoire français (d'Algérie), en Tunisie notamment. Ces militaires, s'ils n'opéraient pas sous la responsabilité du SDECE, avaient bien des missions d'exécutions ciblées proches dans l'esprit des missions *Homo*.

Wilhelm Schulz-Lesum

Le cas de Wilhelm Schulz-Lesum est particulier dans l'histoire de la France, puisqu'il s'agit de la première mission *Homo* à avoir été reconnue par ricochet, l'ordre d'exécution du 3 août 1958 ayant été montré au public durant des expositions, aux Archives nationales en 2015 et au Musée de l'Armée en 2016[27]. Aussi improbable que cela puisse paraître, l'exposition dans des musées de ce simple bout de papier et de ses dix-sept lignes de texte visées par Jacques Foccart, le monsieur Françafrique de De Gaulle, officialise la pratique des opérations *Homo*. Plus surprenant encore, il vise nommément un citoyen d'un pays européen, un Autrichien

27. Sur l'ensemble des opérations « homo », lire *L'Histoire secrète de la DGSE* de Jean Guisnel (Robert Laffont, 2019).

nommé Wilhelm Schulz-Lesum, dont la France veut se débarrasser en raison de sa fâcheuse habitude d'aider les Allemands à déserter de la Légion étrangère. Ces unités d'élite sont alors déployées en Algérie et leur rôle est crucial, Paris ne peut se permettre de laisser de si nombreux soldats rejoindre leur patrie Outre-Rhin. À l'époque, plus de la moitié des légionnaires sont de nationalité allemande, et la guerre contre le Front de libération nationale (FLN) algérien bat son plein. À la tête du réseau d'exfiltration, Wilhelm Schulz-Lesum est officiellement dans l'import-export et agit avec le soutien discret de l'administration de la République fédérale d'Allemagne (RFA), agacée de voir ses jeunes partir combattre pour la France. Le brillant agent n'en est pas à son coup d'essai : il reproduit ici un mécanisme qu'il avait déjà mis en œuvre en Indochine, avec les mêmes objectifs. Cette fois c'en est trop, le chef d'état-major général des armées exige sa neutralisation.

Une fois l'accord politique obtenu grâce au document cité plus haut, l'ordre est transmis au service Action du SDECE, auquel il est spécifiquement demandé de « traiter discrètement par toxique indétectable et à effet différé ». La cible doit être attirée au Maroc par une fausse proposition de contrat. Mais tout ne se passe pas comme prévu : Wilhelm Schulz-Lesum n'est finalement pas exécuté, sans que l'on en connaisse la raison. Le fait qu'il n'ait pas été tué est peut-être ce qui a permis la publication de son ordre d'exécution, alors que les autres archives restent fermées…

Félix Moumié

Dans le contexte des guerres d'indépendance et des luttes nationalistes en Afrique, l'assassinat politique est aussi une arme. Félix Moumié grandit au Cameroun. Il fait des études de médecine, qu'il paie en travaillant comme domestique au Congo et au Sénégal. Puis il rejoint l'Union des populations du Cameroun (UPC), ce qui le place sur la liste de surveillance des services secrets français, le SDECE (qui deviendra la DGSE). À l'indépendance de son pays, en 1960, il dénonce l'installation par les Français d'un président issu de l'administration coloniale. Dans les mois suivants, il se déplace à Genève pour plaider sa cause auprès de diplomates et de journalistes du monde entier. L'un de ces derniers, William Bechtel, profite d'un dîner pour empoisonner son pastis… mais la cible ne boit pas le verre posé sur la table. L'agent met une seconde dose de poison dans le verre de vin, que Félix Moumié boit… avant de boire, dans la foulée, le pastis aussi. Double dose, donc, ce qui contrarie fortement William Bechtel : le poison va agir plus vite et sa cible va succomber sur le territoire suisse, et non pas après avoir pris son avion vers Le Caire comme prévu. Un imbroglio diplomatique se dessine…

En arrivant à l'hôpital universitaire de Genève à la fin de la nuit, Félix Moumié comprend qu'il va mourir. Il dit aux médecins qu'il a été empoisonné avec du thallium, par la Main rouge. Le thallium, c'est effectivement le poison utilisé, dont il a identifié « le goût bizarre ». La Main rouge est l'organisation armée qui sert de couverture au service Action du SDECE, qui assassine de nombreuses personnalités, notamment celles œuvrant en faveur des indépendances africaines. Grâce à l'inertie des autorités suisses, l'espion s'en sort non pas une, mais deux fois. D'abord dans la foulée de son crime, puisqu'il réussit à revenir en France sans être inquiété : probablement à la suite d'un accord avec les services français, la police suisse met deux semaines à lancer une enquête. Puis il échappe à la justice une seconde fois en 1974, quatorze ans plus tard, lorsqu'il commet une imprudence : il quitte le territoire français et donne son vrai nom à l'hôtel où il séjourne en Belgique. Arrêté, il est extradé en Suisse où son procès peut enfin se tenir. À l'époque, son avocat plaide la coïncidence, sur le dîner comme sur les traces de thallium retrouvées dans ses poches après la perquisition. Aussi incroyable que cela paraisse, c'est le non-lieu.

Les ratés de la France

Les ratés ne sont pas inconnus des services français, comme des autres agences clandestines. L'adage militaire selon lequel « aucun plan ne survit au premier contact avec l'ennemi[28] » est particulièrement vrai pour les militaires du service Action du SDECE puis de la DGSE. Un document exposé lui aussi au Musée de l'Armée en 2016 permet de prendre conscience des difficultés rencontrées lors des opérations. Comme le relève le journaliste spécialisé Jean Guisnel[29], ce document largement censuré par des surlignages noirs semble lister les opérations du service Action entre décembre 1956 et avril 1957. Durant ces cinq seuls mois, on compte plusieurs échecs retentissants, comme une mine qui n'a pas pu être posée sur un navire car la cible n'a pas été trouvée, un agent qui renonce à abattre une cible à Madrid car trois autres personnes se trouvent à proximité, un autre qui se fait interpeller par la police tunisienne avant de pouvoir poser une bombe sur un véhicule du FLN à Tunis, ou encore un qui se fait lui aussi interpeller par la police tunisienne et interroger avant de pouvoir frapper un local du FLN à Tunis, ou enfin un cargo qui ne peut être détruit car il ne fait pas l'escale prévue.

---

28. Tiré d'une citation du maréchal prussien von Moltke (1800-1891).
29. *Op. cit.*, p. 211.

Parfois, les opérations visent des cibles de haute valeur. Ainsi, Gamal Abdel Nasser, fraîchement devenu président de l'Égypte, est ciblé en 1956 par une opération *Homo* visant à faire exploser son convoi. Montée dans la foulée de la nationalisation, un mois plus tôt, du canal de Suez et de l'humiliation des Français et des Britanniques, dont l'opération Mousquetaire tourne au fiasco, la mission est finalement annulée. Cela illustre l'importance pour les agents de terrain de conserver un contact avec leur hiérarchie, même si les ordres initiaux sont limpides. Jusqu'au dernier moment, parfois quelques instants seulement avant d'appuyer sur la gâchette ou sur le bouton, un feu rouge peut être transmis par l'autorité politique, la seule habilitée à autoriser ou annuler les opérations *Homo*… Cette religion de la réversibilité de l'ordre est encore appliquée aujourd'hui au sein de la DGSE.

Durant la guerre du Viêt Nam

Dès 1967, la principale agence de renseignement américaine, la CIA, met en place au Viêt Nam le programme Phénix. Celui-ci est destiné à infiltrer et décapiter l'infrastructure civile de l'ennemi viêt-cong tout en faisant planer la terreur sur ses soutiens, du villageois au chef d'entreprise. Outre ses propres agents, la CIA implique aussi l'armée américaine, ainsi que les forces sud-vietnamiennes et australiennes. Le bilan fait frémir : sur l'ensemble de sa durée, le programme Phénix conduit à la neutralisation de 81 740 sympathisants viêt-cong (ou identifiés comme tels), dont 26 369 sont tués. Le journaliste américain Seymour Hersch, prix Pulitzer 1970, évoque plutôt 41 000 morts en se fondant sur les archives sud-vietnamiennes. Parmi ces derniers, au moins 3 400 sont exécutés par des agents durant des opérations non conventionnelles, donc pas à l'occasion d'opérations militaires classiques. Aux États-Unis, les opposants à la guerre dénoncent ce « programme d'élimination des civils », pour lequel l'utilisation de la torture est généralisée. Des témoignages commencent à évoquer les sévices sexuels, l'utilisation de l'électricité ou encore de chiens de combat. En 1971, Phénix devient trop embarrassant : le Congrès américain oblige la CIA à stopper le programme. Convaincue qu'il est vital pour la poursuite de la guerre, l'agence obtempère à sa manière. Elle transfère le commandement de Phénix au gouvernement sud-vietnamien, qui le réactive sous le nom de Plan F-6. Une fois la guerre perdue, les collaborateurs sud-vietnamiens du programme Phénix sont massivement traqués, torturés et exécutés par le nouveau gouvernement. Le programme Phénix reste l'une des rares tentatives de planification d'assassinats ciblés à très grande échelle, non pas pour tuer un individu mais pour éliminer une fraction de la population civile en fonction de ses idées politiques. Avec des dizaines de milliers de civils tués, la limite avec le crime de guerre semble ténue... Dans la société américaine, le traumatisme grandit au fur et à mesure que les informations filtrent. Au point qu'en 1976, une commission d'enquête du Congrès pousse le locataire de la Maison-Blanche, Gerald Ford, à signer un décret présidentiel bannissant les assassinats ciblés. Même si cet *executive order* souffrira de nombreuses exceptions plus ou moins officielles, il ne sera vraiment enterré que dans la foulée des attaques terroristes de 2001.

Au nom du peuple soviétique

Au lendemain de la Seconde Guerre mondiale, dès la création des légendaires forces spéciales russes, les Spetsnaz, l'assassinat ciblé est au cœur de leur mission et de leurs entraînements. Pour les trois branches des combattants portant ce nom, les Spetsnaz de l'armée, du KGB et du ministère de l'Intérieur, l'assassinat est un objectif stratégique. Pour les deux premières, cela consiste à être capable de s'infiltrer plusieurs centaines de kilomètres derrière les lignes ennemies pour éliminer des chefs politiques et militaires. L'idée est de mener ces opérations non pas en temps de guerre, mais juste avant le déclenchement d'une guerre, à un moment où l'infiltration sur le territoire ennemi et l'approche des cibles est plus facile[30]. Privés de leurs dirigeants de premier plan, les pays de l'Otan seraient incapables de lancer une riposte nucléaire. Viktor Suvorov, ancien officier du renseignement militaire russe passé à l'Ouest, va même jusqu'à détailler des moyens d'action surprenants. Ainsi, les stratèges auraient imaginé de précipiter des avions téléguidés sur les centres de pouvoir américain, dont la Maison-Blanche, dans un scénario rappelant celui du 11 septembre 2001. La désorganisation de l'ennemi permettrait alors aux forces russes de prendre l'ascendant durant les premières heures de la Troisième Guerre mondiale.

Cette doctrine a été mise en œuvre à au moins deux reprises. Lors de l'invasion de la Tchécoslovaquie par le pacte de Varsovie en 1968, qui met un coup d'arrêt au Printemps de Prague : les Spetsnaz sont envoyés pour sécuriser l'aéroport, pour mettre au pas les télévisions et les radios, mais surtout pour capturer le premier secrétaire du parti communiste tchécoslovaque, Alexander Dubcek, ainsi que ses équipes. L'homme est pris et envoyé à Moscou, d'où il doit signer des accords rendant permanente la présence militaire soviétique sur son territoire, et annulant ses réformes jugées trop

30. Sur ce sujet, lire Viktor Suvorov, *Spetsnaz : The Story of the Soviet SAS*, trad. David Flloyd, Hamish Hamilton, 1987.

libérales. Onze ans plus tard, même configuration : en 1979, l'invasion de l'Afghanistan par les troupes soviétiques est précédée par l'envoi des Spetsnaz. Les forces spéciales traquent et tuent le président afghan Hafizullah Amin dans son palais, ouvrant la voie à l'installation d'un régime fantoche, ce qui ne suffira toutefois pas à éviter aux Russes l'humiliation d'un retrait une décennie plus tard.

La première guerre d'Irak

« La puissance aérienne américaine peut gagner la guerre en six jours », affirme le colonel John Warden, chargé *via* le projet Checkmate d'élaborer le plan d'attaque aérienne devant ouvrir la guerre du Golfe, à la veille du déclenchement des hostilités en 1990. Il est tellement convaincu de la capacité des chasseurs et des bombardiers américains à éradiquer l'ennemi, qu'il propose même que l'offensive initiale se passe de moyens terrestres[31], tout en reconnaissant que la victoire ne peut être atteinte qu'avec une combinaison d'actions aériennes et terrestres. Dans son livre *The Air Campaign*[32], Warden détaille son concept de

31. John Andreas Olsen, *John Warden and the Renaissance of American air power*, Potomac Books, 2007.
32. John A. Warden III, *The Air Campaign : planning for combat*, iUniverse, 1998.

« tonnerre instantané » (*instant thunder*). Le projet, qui ne sera que partiellement appliqué, prévoit de cibler dès les premières secondes de l'attaque les dirigeants politiques irakiens, ainsi que les chaînes de commandement de l'armée et du parti Baas, afin de décapiter « le cerveau et les nerfs » de l'ennemi. Des assassinats ciblés, en somme, qui sont non seulement une arme de guerre mais un préalable à l'utilisation d'autres moyens.

Les États-Unis dans la guerre contre le terrorisme

Avec les attentats du 11 septembre 2001, le monde occidental et notamment les États-Unis redécouvrent la violence du terrorisme, pourtant omniprésente au XXe siècle[33]. Dotés d'armées héritées de la guerre froide et taillées pour le combat de haute intensité, ils se tournent vers l'assassinat ciblé comme une tactique militaire dans la guerre qu'ils déclarent non pas à un pays, mais au terrorisme. Alors que les ingénieurs américains développent des drones de plus en plus efficaces, il devient possible de tirer profit de l'asymétrie du combat contre le terrorisme

33. Matthew Carr, *La Mécanique infernale. L'histoire du XXe siècle à travers le terrorisme*, Héloïse d'Ormesson, 2008.

en envoyant des appareils télépilotés qui seraient dans d'autres circonstances très vulnérables, pour identifier puis tuer un individu sans mettre en péril de troupes au sol. Ces dernières ne sont toutefois pas mises hors-jeu, puisque tant par tradition que par intérêt lié à la collecte de renseignement, l'envoi de commandos reste une solution prisée par les locataires de la Maison-Blanche. L'utilisation du vocabulaire guerrier permet aux différentes administrations qui se succèdent, depuis 2001, de justifier des exécutions extrajudiciaires dont la légalité est aujourd'hui toujours contestée par de grandes figures du droit américain et international.

Anwar al-Awlaki, l'Américain

Anwar al-Awlaki est un responsable d'Al-Qaida au Yémen. Son exécution est autorisée par Barack Obama, malgré un problème juridique majeur : il a la nationalité américaine. Son statut de citoyen américain devrait lui permettre de s'exprimer librement sous la protection du premier amendement de la Constitution, estime l'Union américaine pour les libertés civiles (ACLU), une ONG de premier plan saisie par son père. En juillet 2010, ce dernier lance une procédure judiciaire pour faire retirer son fils de la liste des cibles d'assassinat ciblé : il attaque le président, Barack Obama, le directeur de la CIA, Leon Panetta, et le secrétaire à la Défense, Robert Gates. Mais la justice ne peut statuer en sa faveur : le juge estime d'une part que le père n'est pas fondé à demander un jugement dans ce dossier, et d'autre part que la Constitution attribue la compétence non pas à l'autorité judiciaire mais à l'exécutif. Son sort est scellé. En mai 2011, la CIA mène une première tentative d'assassinat : un drone tire un missile sur un véhicule mais Anwar al-Awlaki n'est pas touché : deux autres membres d'Al-Qaida périssent. Le 30 septembre 2011, une nouvelle occasion se présente. Alors que son groupe s'est arrêté pour prendre le petit déjeuner, un drone s'approche et s'apprête à tirer. Les hommes repèrent l'appareil et tentent de prendre la fuite avec leur véhicule. Mauvaise idée : le télépilote du drone tire un missile Hellfire, une arme développée à l'origine pour stopper les blindés russes en Europe. L'explosion pulvérise le 4x4. Anwar al-Awlaki devient le premier citoyen américain tué par la CIA dans le cadre du programme d'assassinats ciblés post-11 septembre. Barack Obama estime que sa décision d'autoriser l'assassinat était « facile ». Un tabou est tombé.

Oussama Ben Laden, le symbole

C'est probablement l'élimination ciblée la plus célèbre de l'histoire contemporaine. Le 2 mai 2011, après dix ans d'enquêtes, de tortures, de fausses pistes et de filatures, la CIA déclenche l'opération *Neptune's*

Spear (Trident de Neptune) contre la résidence fortifiée dans laquelle est retranché Oussama Ben Laden depuis plusieurs années, à Abbottabad au Pakistan. Le leader d'Al-Qaida, qui a revendiqué les attaques terroristes du 11 septembre 2001, est l'ennemi public numéro un des États-Unis. Il a pu être localisé grâce à des informations recueillies durant des interrogatoires dits poussés, incluant massivement de la torture. Le pays de la liberté ayant déjà enterré un peu de ses principes fondamentaux, il est impatient d'enterrer Ben Laden.

Deux hélicoptères de transport Black Hawk, modifiés pour être plus furtifs que les appareils de série, déposent vingt-trois commandos de la célèbre Seal Team 6, l'unité d'élite la plus prestigieuse de l'US Navy. L'un des deux appareils est pris dans une colonne d'air chaud et effectue un poser dur, son rotor de queue heurte le mur d'enceinte. C'en est fini pour la discrétion. L'appareil est inutilisable, mais les commandos et l'équipage sont vivants et opérationnels : la mission peut se poursuivre. Le second Black Hawk dépose ses commandos à l'extérieur de l'enceinte, comme prévu, afin qu'ils en sécurisent les accès. Ils ne vont pas chômer. Dans cette ville prisée des officiers pakistanais à la retraite et proche de l'académie militaire du pays, les bruits du crash et des premiers échanges de tirs attirent rapidement des curieux aux portes du complexe. Ils sont bloqués par les commandos et leur interprète pachtoune, qui leur ordonne de s'éloigner avec plus ou moins de succès. Les esprits s'échauffent rapidement.

À l'intérieur du complexe, l'assaut se poursuit. Oussama Ben Laden est abattu d'une balle dans la tête. Plusieurs autres occupants des lieux dont deux de ses messagers et l'un de ses fils sont aussi tués. Deux de ses femmes identifient le corps de la cible principale : le nom de code « Geronimo » peut être lancé à la radio, accompagné des lettre E-KIA (« *Enemy killed in action* », c'est-à-dire « l'ennemi a été tué durant le combat »). Les commandos scannent malgré tout son visage afin d'utiliser un logiciel de reconnaissance faciale pour vérifier son identité, en attendant qu'un test ADN le confirme définitivement quelques jours plus tard. L'hélicoptère accidenté est détruit afin de ne pas laisser trop de traces de ce modèle top secret, mais le rotor de queue reste relativement intact et alimentera les spéculations des analystes pendant de longs mois. Un hélicoptère Chinook placé en réserve vient récupérer ceux qui devaient embarquer dans l'appareil détruit, ainsi que des centaines de kilos d'éléments de preuve récupérés sur place.

Les équipes spécialisées dans l'exploitation des supports numériques ratissent le complexe. Elles embarquent des appareils électroniques et des vidéos jamais diffusées d'Oussama Ben Laden, dont un discours au peuple américain que la Maison-Blanche se gardera bien de dévoiler, mais qui explique probablement la démarche terroriste de cet homme qui a largement été témoin des abus de la politique étrangère des États-Unis et surtout de celle, différente, menée par la CIA en parallèle des positions officielles de Washington. Barack Obama annonce la nouvelle en direct à la télévision en affirmant que « justice est faite », même si l'institution judiciaire n'a pas été impliquée dans cette exécution. Il prend soin de saluer la coopération avec le Pakistan, alors que la CIA n'a prévenu personne à Islamabad pour éviter toute fuite d'information. Le président américain décide aussi de ne pas diffuser les photos de Ben Laden mort, afin de ne pas choquer la population et de ne pas susciter plus de haine envers son pays. Partout aux États-Unis, des manifestations spontanées célèbrent la nouvelle. À Ground Zero, à New York, là où s'élevaient les tours jumelles jusqu'au 11 septembre 2001, la foule se rassemble autour de drapeaux américains et de chants. L'ancien président George W. Bush, qui ne s'est pas exprimé publiquement depuis son départ de la Maison-Blanche en 2009, sort de son silence et salue « une grande victoire ».

Dans les heures qui suivent, le corps d'Oussama Ben Laden est transporté sur le porte-avions nucléaire

USS Carl Vinson, qui croise en mer d'Arabie. Puis il est minutieusement préparé et immergé dans le respect des coutumes musulmanes… à l'exception de celle qui stipule qu'un corps doit être mis en terre, jamais à l'eau (sauf si le décès a eu lieu en mer). Officiellement, le corps de Ben Laden a été immergé moins de dix heures après sa mort. Pour les États-Unis, cette cérémonie en mer permet de ne pas créer de lieu de recueillement pour ceux qui seraient tentés de célébrer Oussama Ben Laden. Ce type de cérémonie sera réutilisé dans les années suivantes après d'autres assassinats de cibles de confession musulmane. Profitant de l'effet positif de la nouvelle sur l'opinion publique, Barack Obama annonce quelques semaines plus tard le calendrier du retrait américain d'Afghanistan. Six mois plus tard, il est réélu à la présidence des États-Unis.

Al-Baghdadi, le calife

Le 27 octobre 2019, dans le nord de la Syrie à quelques kilomètres seulement de la frontière turque, l'armée américaine élimine le « calife » autoproclamé de l'État islamique, Abou Bakr al-Baghdadi. L'opération est rendue possible grâce à des informations fournies par des taupes, attirées peut-être par la récompense de 25 millions de dollars promise par les États-Unis. Vers 1 heure du matin, huit hélicoptères Chinook (les « bananes » dotées de deux rotors principaux) déposent des dizaines de commandos de la Delta force, unité d'élite de l'armée de terre américaine. Ils sont appuyés par des hélicoptères d'attaque Apache, dont les pilotes sont équipés de casques à vision nocturne et disposent d'un redoutable canon de 30 mm ainsi que de missiles et de roquettes. Au sol, les échanges de tirs débutent immédiatement. Comme à leur habitude, les soldats entrent par le mur de la maison, qu'ils font exploser, et non par la porte qui risque d'être piégée. Pendant ce temps, les hélicoptères sont pris pour cible par un groupe armé non affilié à l'État islamique, qui pense probablement être visé par l'attaque. Une quinzaine de combattants non liés à la mission sont éliminés par les appareils américains. Cerné dans un tunnel, pourchassé par les commandos et des chiens de combat américains, al-Baghdadi actionne sa ceinture d'explosifs et meurt avec deux de ses enfants qui fuyaient à ses côtés. Les soldats déblaient le tunnel, récupèrent les restes du corps d'al-Baghdadi et tous les appareils électroniques qu'ils trouvent (téléphones, ordinateurs, cartes mémoire, etc.). Puis ils rasent totalement la maison avant de quitter les lieux vers 3 h 30, soit 2 heures 30 seulement après leur arrivée. Au petit matin, des badauds se pressent sur les lieux mais ne découvrent qu'un sol jonché de blocs de béton déchiquetés, de vêtements pour enfants et de douilles de fusils d'assaut. Donald Trump annonce qu'un « grand nombre de compagnons de Baghdadi » ont été éliminés. Le bilan final fait état de huit morts, dont quatre femmes qui, selon le Pentagone, auraient agi « de façon menaçante » et portaient des ceintures d'explosifs, et deux des enfants de la cible. En outre, deux hommes sont faits prisonniers et onze enfants sont évacués. Bilan côté américain : deux blessés légers et un chien légèrement blessé. Même si des drones ont été utilisés, il s'agit de l'une des dernières opérations de ce type menée avec des commandos au sol plutôt qu'avec des drones télépilotés. Le risque était important pour l'exécutif américain, qui a malgré tout préféré saisir cette opportunité « à l'ancienne », ce qui a permis d'identifier les cadavres et peut-être de récupérer de précieuses informations sur les supports informatiques, plutôt que de raser le complexe avec des missiles tirés par des drones sans risquer la vie des soldats.

Soleimani, le stratège

Le 3 janvier 2020, les États-Unis réagissent aux menaces sur leur ambassade en Irak par une frappe de drones ciblant un convoi de responsables de la Mobilisation populaire, une coalition de milices chiites, près de l'aéroport international de Bagdad. Plus que les chefs de guerre locaux, la véritable cible du Pentagone est leur invité. Le général iranien Qassem Soleimani est la figure de proue des gardiens de la révolution, le bras armé du régime islamiste de Téhéran. Il commande des forces spéciales, le corps Al-Qods, mais au-delà de ses galons, Soleimani est le principal émissaire du pouvoir iranien au Proche-Orient. C'est lui qui fait et défait les alliances de son pays avec les milices locales comme avec les gouvernements, le plus souvent dans le but de contrecarrer les influences occidentales et en particulier celle des États-Unis.

Côté américain, Soleimani est devenu au fur et à mesure de ses succès un candidat idéal pour une élimination ciblée, dans la guerre hybride menée par Washington contre l'Iran et ses alliés dans la région. Dans les bureaux de la Maison-Blanche, les conseillers de Donald Trump estiment que son exécution serait comparable à celle de l'amiral Yamamoto durant la Seconde Guerre mondiale, et serait donc justifiée. Côté iranien, le général a des activités quasi diplomatiques et est jugé intouchable, tant son élimination promet à Washington une riposte violente. Les analystes iraniens jugent aussi qu'un tel acte ne correspondrait pas au comportement prévisible du gouvernement américain. Mais la Maison-Blanche et son locataire Donald Trump en décident autrement. « 10, 9, 8... et soudain boum ! [...] Il méritait d'être tué, parce qu'il était méchant », commente l'ancien président américain devant ses donateurs quelques jours plus tard, apparemment sans avoir pris conscience qu'il a commis un acte de guerre et risqué une escalade catastrophique dans la région. L'Iran lance dans la foulée une série de frappes de représailles sur des infrastructures américaines au Moyen-Orient, mais les missiles de croisière ne font que peu de dégâts, sur des installations mises en situation de sécurité et des personnels bien abrités.

Si l'ONU juge que l'assassinat « est très probablement illégal et viole les règles du droit international humanitaire », il n'en reste pas moins un succès militaire pour le Pentagone et un gain de puissance à court terme pour Washington. C'est toutefois un terrible coup porté à l'image des États-Unis dans les opinions publiques de la région et du monde entier. Y compris parmi les alliés de l'OTAN qui ne sont plus si sûrs, dans cette affaire du moins, d'être du côté des « gentils » face au « méchant » Iran dénoncé par Trump. Washington a ouvertement affiché un comportement d'État voyou en commettant au grand jour un acte de guerre largement jugé disproportionné. Cette élimination, si elle avait dû être décidée par une autre administration que celle de Donald Trump, aurait probablement été réservée à une discrète mission de la CIA, laquelle dispose aussi de drones armés pour des opérations clandestines.

Al-Zawahiri

Le chef d'Al-Qaida depuis 2011, Ayman al-Zawahiri, est éliminé par les forces américaines dans la nuit du 30 au 31 juillet 2022 à Kaboul. C'est un groupe de drones armés qui tire deux missiles sur celui qui avait imaginé les attentats du 11 septembre 2001 avec Oussama Ben Laden. L'homme se trouve sur son balcon dans la capitale afghane et est littéralement déchiqueté par des armes d'un nouveau genre. Dès l'annonce de l'élimination par la Maison-Blanche, les journalistes analysent les images de la maison visée et constatent qu'elle ne présente pas de traces d'explosion : seul le balcon semble avoir été découpé net. Pour les experts, cela ne laisse guère de doute : ce sont des missiles Hellfire R9X qui ont été utilisés, c'est-à-dire une version sans charge explosive, mais avec des lames qui se déploient avant l'impact pour éliminer la cible (plus de détails sur ce missile dans la section « Les missiles propres », p. 144). La démarche américaine montre que Washington souhaite profiter des progrès dans les systèmes de guidage pour limiter encore plus les dégâts collatéraux, trop aléatoires même avec des bombes et des missiles guidés par laser ou par la dernière génération de GPS militaire, précis à quelques dizaines de centimètres.

Disposition Matrix

La politique d'assassinats ciblés des États-Unis ne fait que peu débat au sein de la classe dirigeante. Ainsi, la stratégie esquissée par l'administration de George W. Bush est non seulement confirmée mais renforcée par l'administration Obama. Le nombre de frappes de drones est décuplé sous l'administration Trump : il en ordonne 2 243 durant ses deux premières années à la Maison-Blanche, alors que Barack Obama en avait autorisé 1 878 en huit ans de présidence. Trump supprime ensuite des mesures de transparence, dont la règle qu'il qualifie de « superflue » selon laquelle le renseignement américain doit publier chaque année le nombre de civils tués dans ses frappes hors des zones de guerre.

À partir de 2010, les États-Unis développent une liste de cibles appelée *kill list*, ou Disposition Matrix. Un an après avoir reçu son Prix Nobel de la paix, Barack Obama valide cette systématisation des assassinats ciblés pour certaines catégories d'ennemis. La création de cette base de données est dévoilée par le *Washington Post* en octobre 2012. Les critères pour y être inscrit ne sont pas publics, mais ils dépendent forcément du niveau d'implication terroriste de la cible, de ses liens avec les réseaux visés, mais aussi des conséquences diplomatiques malheureuses que son élimination pourrait avoir, avec les monarchies du Golfe par exemple. La nationalité et les relations d'une cible sont donc des éléments cruciaux dans son inscription, ou non, sur la *kill list*. Le développement de cette base de données, qui contiendrait des milliers de noms, intervient en parallèle de l'augmentation massive du nombre de drones armés, que la CIA utilise aussi largement.

En plus des cibles inscrites nommément dans le fichier, les États-Unis n'hésitent pas à ajouter des individus dont ils n'ont pas l'identité, mais dont les activités permettent de les qualifier de terroristes. Les métadonnées sont ainsi largement utilisées : historique de géolocalisation d'un téléphone, historique d'appels et de messagerie, données de connexion à Internet, etc.

Les critiques contre les frappes de drones américains sont très nombreuses. Sur le terrain, le sentiment antiaméricain est renforcé, comme cela a été montré au Pakistan ou au Yémen par exemple. Et sur le plan international, l'aura du pays est diminuée. En 2012, au début du programme, le rapporteur spécial des Nations unies sur les exécutions extrajudiciaires, sommaires ou arbitraires, Christof Heyns, a par exemple expliqué lors d'une conférence à Genève que certaines frappes américaines étaient assimilables à des crimes de guerre.

La Corée du Nord aussi

L'assassinat ciblé est une pratique banale au sein des régimes autoritaires, et notamment en Corée du Nord. Le principe est comparable, à la différence près qu'il s'exerce tout aussi librement sur les citoyens nationaux que sur les étrangers, voire plus, dans le cadre de « guerres » contre l'ennemi intérieur ou celui qui est perçu comme tel. Tout le monde se souvient de l'exécution en février 2017, avec un gaz neurotoxique et sous les yeux des caméras de l'aéroport de Kuala Lumpur en Malaisie, de Kim Jong-Nam, le demi-frère de Kim Jong-Un, banni mais toujours considéré comme dangereux par le régime. S'il ne s'agit pas d'un assassinat utilisé comme arme de guerre au sens strict du terme, la méthode est particulièrement intéressante et illustre la créativité que les agents sont parfois prêts à déployer. Pour mener à bien cette mission, des agents nord-coréens recrutent deux jeunes femmes, une Vietnamienne et une Indonésienne qui ne se connaissaient pas, et les convainquent qu'elles participent à un projet de caméras cachées sur YouTube tout en leur promettant la célébrité et une vie faite de voyages et d'argent. Le processus n'est pas bouclé à la va-vite : pendant plusieurs mois, les deux femmes sont « entraînées » sur d'autres cibles, les agents nord-coréens déguisés en producteurs de vidéos leur demandant d'enduire des inconnus de produits inoffensifs, de la lotion pour le visage ou du liniment pour bébé, dans des lieux publics y compris des aéroports. Le but est officiellement d'enregistrer des séquences hilarantes qui les rendront célèbres sur les réseaux sociaux. Ce n'est qu'après avoir vérifié que les deux femmes manipulées s'exécutent sans poser de questions que la mission est déclenchée. Elles sont prévenues qu'une complice les aidera pour la prochaine « blague ».

De leur côté, les agents nord-coréens exploitent les nombreuses informations semées par leur future victime sur Internet. Kim Jong-Nam publie énormément sur Facebook, et utilise des comptes de messagerie non sécurisés. Il leur est donc facile de récupérer le programme des prochains déplacements, et notamment le billet d'avion de Kim. Le 13 février 2017, vers 9 h 00 du matin, les deux femmes se jettent simultanément sur Kim Jong-Nam, comme le montrent les images de vidéosurveillance largement diffusées par les médias. La première arrive dans son dos et colle ses mains couvertes de VX, un puissant agent neurotoxique (lire p. 116), sur son visage. Elle ne sait pas qu'elle échappe de peu à la mort elle aussi. La seconde lui applique un tissu sur le visage, probablement chargé de VX aussi. Les deux femmes disparaissent ensuite dans deux zones de toilettes séparées, puis en ressortent quelques instants plus tard pour prendre chacune un taxi.

Kim Jong-Nam suspecte une attaque, mais il est déjà trop tard. Il explique immédiatement sa situation à un groupe de policiers. Les images le montrent escorté par l'un d'eux et par un employé de l'aéroport, en train de marcher vers un poste médical de quelques mètres carrés où il est pris en charge. On lui administre de l'atropine et de l'adrénaline, mais son état se détériore très rapidement. Le médecin et l'infirmière témoigneront plus tard qu'il souffrait et transpirait énormément. Malgré une trachéotomie réalisée en catastrophe, l'homme peine à respirer : sa salive, son sang et son vomi bloquent les voies respiratoires. Pendant ce temps, un agent nord-coréen fait mine de déambuler avec son bagage cabine devant la clinique : il vérifie que Kim est bien en train de mourir. Une photo le montre avachi dans un fauteuil de la salle de soins, visiblement inconscient. Il décède durant son transfert à l'hôpital, quinze à vingt minutes après avoir été contaminé. Les autorités malaisiennes ne font pas immédiatement le lien avec le régime nord-coréen, car la victime voyageait sous un pseudonyme. Mais outre la présence manifeste d'une arme chimique interdite par les conventions de Genève, les 120 000 dollars et les quatre passeports retrouvés dans le sac à dos de la victime leur mettent la puce à l'oreille. Conscient qu'il pouvait être ciblé par les agents nord-coréens ou par d'autres services étrangers, l'homme voyageait toujours avec des devises en grande quantité et plusieurs documents d'identité différents, lui permettant de fuir en cas de problème. Les deux femmes, qui ne suspectent rien, sont arrêtées. « Savez-vous ce que vous avez fait ? Vous êtes impliquées dans le meurtre du frère d'un président », leur dit la police lors de l'interrogatoire. Croyant encore à une blague télévisée, elles mettront trois jours à accepter la réalité.

Quatre suspects nord-coréens quittent l'aéroport juste après l'attaque et rejoignent Pyongyang sans être inquiétés. Dans le groupe d'assassins, seul le chimiste chargé de transporter l'agent neurotoxique est arrêté. Dans une vidéo captée durant les premières heures de sa détention, on l'entend mettre au point avec des représentants de l'ambassade nord-coréenne une « histoire » à raconter à la police. Cet enregistrement providentiel permet aux deux femmes d'échapper à la mort par pendaison : elles sortiront de prison en 2019.

Dans la guerre hybride : le conflit Ukraine-Russie

L'invasion massive de l'Ukraine par la Russie en février 2022 a été le terreau d'une mobilisation sans précédent des Ukrainiens et de leurs alliés. Les assassinats ciblés n'ont pas été oubliés dans la liste des options disponibles pour réduire les capacités de l'envahisseur.

Durant les premières semaines de l'offensive, les militaires ukrainiens ont profité de la performance du système de renseignement américain pour localiser, traquer et éliminer des officiers généraux russes, à l'exception notable des plus hauts gradés sur lesquels Washington refuse de partager des informations. « Le nombre de satellites d'observation américains au-dessus du théâtre ukrainien est "phénoménal" », nous confiait en octobre 2022 un haut responsable français, évoquant aussi les moyens pharaoniques des entreprises privées d'imagerie spatiale, qui « permettent des taux de revisite de l'ordre de l'heure » au-dessus d'une cible. Les postes de commandement mobiles de l'armée russe ont donc été suivis par satellite, par avions-espions et par drones en temps réel ou quasi-réel, permettant à Kiev de lancer des frappes et des bombardements ciblés. Dans le même temps, les généraux russes, confrontés à une forte baisse du moral de leurs troupes, devaient s'exposer sur le front afin de montrer leur confiance dans « l'opération spéciale » lancée par Vladimir Poutine. Résultat : l'armée ukrainienne a affirmé avoir tué une douzaine de généraux russes de premier plan en quelques semaines. En réalité, leur nombre s'élèverait plus probablement à huit, les autres ayant survécu, parfois avec des blessures très graves, aux attaques qui les ont visés. Dans une seconde phase du conflit, les États-Unis fournissent des minidrones Switchblade, capables d'identifier et de tuer les généraux de manière très ciblée, sur le siège passager d'une voiture par exemple.

Ces assassinats ciblés sont largement facilités par le manque de précautions prises par les hauts gradés, qui utilisent par exemple des systèmes de télécommunication non sécurisés, y compris des téléphones portables civils, au lieu de se servir des outils chiffrés développés pour l'armée russe. Dans certains cas, il s'agit d'arrogance, de manque de discipline ou de manque d'expérience, et, dans d'autres, les généraux n'ont pas le choix car les systèmes militaires ne fonctionnent pas. Les téléphones sécurisés ERA, par exemple, s'appuient sur les antennes-relais 3G : lorsqu'elles ont été détruites par les frappes russes, les généraux n'ont pu faire autrement que d'utiliser des lignes téléphoniques classiques pour rendre compte et prendre leurs ordres. Une situation ubuesque pour des militaires souvent conscients des limites technologiques de leurs forces… et des limites stratégiques des plans du Kremlin.

Outre les attaques menées contre les généraux, les Ukrainiens ont aussi mis sur pied des équipes spécifiques afin de faire régner la terreur parmi les administrateurs russes et leurs collaborateurs ukrainiens. Ainsi, en septembre 2022, une vingtaine de ces personnalités locales avaient été tuées à l'aide d'armes à feu, d'explosifs, par pendaison ou par empoisonnement. Le but premier était de bloquer l'organisation des référendums d'annexion à la Russie, mais l'effet a aussi été de dissuader les potentiels collaborateurs. Informés de l'existence de ces « commandos » extrêmement mobiles et discrets, même les hauts responsables russes réfléchissent à deux fois avant de mettre les pieds en territoire occupé… Par exemple, le 9 novembre 2022, le gouverneur adjoint de Kherson, Kirill Stremousov, est mort dans un accident de la route rapidement attribué à une action ukrainienne. Personnalité pro-russe de premier plan, très actif sur les réseaux sociaux, l'homme venait d'appeler la population de Kherson à quitter la ville face à l'avancée de la contre-offensive des forces de Kiev. Le gouvernement ukrainien, de son côté, accusait les administrateurs pro-russes de soutenir des déportations forcées de citoyens ukrainiens vers la Russie.

Les personnels impliqués dans ces missions d'assassinat sont prélevés dans les forces spéciales, dans le renseignement militaire et dans une unité spéciale des services secrets. Des partisans locaux sont aussi mis à contribution, ou des agents infiltrés, par exemple un cuisinier lorsqu'il faut empoisonner une cible. Même en pleine guerre pour la survie de leur pays, les Ukrainiens se sont rapidement interrogés sur la légitimité de ces exécutions, qui ciblent des personnalités politiques et des civils en dehors du champ de bataille. Leur justification par la violence de l'invasion russe n'exemptera pas le gouvernement ukrainien de répondre un jour de ces violations évidentes des conventions de Genève.

Quelques assassinats ratés post-1945

Dans un contexte où le renseignement concernant des cibles qui se savent traquées est difficile à obtenir, et où l'urgence de saisir une opportunité pousse les décideurs à faire prendre des risques aux exécutants, les aléas sont nombreux. Ils peuvent survenir sans empêcher la mission d'être accomplie – par exemple lorsque l'un des deux hélicoptères américains s'écrase durant l'opération d'élimination d'Oussama Ben Laden – ou alors compromettre sérieusement la mission, comme dans les exemples ci-dessous.

Yasser Arafat

Si la vie d'un dirigeant palestinien est forcément ponctuée de nombreuses tentatives d'assassinat par Israël, celle de Yasser Arafat est probablement la plus densément fournie. Pour ne choisir qu'une tentative ratée, prenons celle du 23 octobre 1982. Le Mossad a obtenu des informations « sûres » selon lesquelles le leader du Fatah et de l'OLP a affrété un avion au départ d'Athènes pour se rendre au Caire. L'armée de l'air israélienne fait décoller deux chasseurs supersoniques F-15, qui traquent et trouvent l'appareil au-dessus de la Méditerranée. Ils demandent l'autorisation d'ouvrir le feu. Mais dans son bunker de Tel-Aviv, le général Ivry hésite. Il demande des confirmations au Mossad, qui répète qu'il s'agit bien de l'avion de Yasser Arafat : deux agents l'ont identifié à l'embarquement en Grèce, et la description et l'identification de l'avion correspondent à ce que voient les pilotes de chasse. Les ordres sont clairs : il faut l'abattre. « Négatif », répète le général à l'intention du pilote. Quelque chose sonne faux. Les minutes passent, les coups de téléphone du Mossad et du cabinet du ministre de la Défense Ariel Sharon se font de plus en plus agressifs contre le général qui hésite. Puis, un coup de téléphone différent arrive. « Nous avons désormais des doutes », explique un responsable du Mossad, gêné. Et pour cause : c'est en réalité le jeune frère de Yasser Arafat qui voyage dans l'avion. L'homme est pédiatre, fondateur du Croissant rouge palestinien. Il a embarqué avec une trentaine d'enfants blessés dans un camp de réfugiés à Beyrouth un mois plus tôt et qui doivent recevoir un traitement médical au Caire. Grâce à l'hésitation du général, Israël vient d'éviter de commettre une abominable bavure. « Demi-tour, vous rentrez à la maison », dit Ivry à ses pilotes.

Yasser Arafat échappe à des dizaines de tentatives d'assassinat israéliennes, et probablement venant d'autres nations. Paranoïaque par nécessité, il ne suit jamais son emploi du temps à la lettre, perturbe toujours le déroulement et les horaires de ses déplacements. Conscient que les explosions qui le précèdent ou lui succèdent dans les lieux qu'il visite ne sont pas dues au hasard, il saisit sans relâche la moindre occasion de bousculer ses habitudes et son programme officiel. Sa mort en novembre 2004 en France n'est toujours pas élucidée, les rapports médicaux se contredisant sur la probabilité d'un empoisonnement au polonium 210 ou d'une mort naturelle de l'homme, qui était âgé de 75 ans.

Mouammar Kadhafi

Le 15 avril 1986, les États-Unis lancent une campagne aérienne contre la Libye pour venger la mort de deux militaires américains dans une boîte de nuit de Berlin, au cours d'un attentat organisé par les services libyens. Ronald Reagan valide des plans ambitieux qui visent notamment le complexe d'où le leader libyen a l'habitude de commander ses opérations militaires et où il passe certaines de ses nuits. Les chiffres parlent d'eux-mêmes : en douze minutes, soixante tonnes de munitions sont tirées ou larguées. Kadhafi n'est officiellement pas la cible de l'attaque, car la Maison-Blanche ne peut pas assassiner ouvertement un chef d'État étranger. Mais le porte-parole du président prépare tout de même un communiqué au cas où le dirigeant serait tué, qualifiant sa mort de « conséquence heureuse de notre acte de légitime défense ».

Même si son existence n'a jamais été prouvée, une autre tentative d'assassinat de Mouammar Kadhafi aurait eu lieu quelques années plus tôt, le 27 juin 1980. Elle aurait tellement mal tourné qu'elle aurait entraîné le *crash* d'un avion de ligne d'Itavia et la mort des 81 personnes à bord. Selon les investigations de la justice italienne, le DC-9 qui effectuait la liaison Bologne-Palerme a probablement été abattu par un missile air-air, tiré par un avion de chasse non identifié. Le missile aurait pu être destiné à abattre un avion libyen dans lequel se serait trouvé Mouammar Kadhafi, et qui se serait caché des yeux des radars européens en volant dans le sillage du DC-9. L'arme aurait aussi pu être tirée par un MiG libyen. Quoi qu'il en soit, la carcasse d'un appareil de l'armée libyenne sera retrouvée quelques jours plus tard dans le sud de l'Italie, il y a donc bien eu une activité aérienne militaire hautement inhabituelle autour du *crash* du DC-9. Toutes les investigations se sont heurtées à un mur du silence, y compris du côté français où, malgré les démentis du gouvernement, il a été prouvé que des décollages d'avions de chasse ont bien eu lieu ce jour-là depuis la base corse de Solenzara. Selon un magistrat italien, douze témoins clés sont morts dans des circonstances suspectes, notamment des opérateurs du contrôle aérien et des pilotes. Bavure monumentale, erreur de tir durant un face-à-face tendu ou simple accident, les familles des victimes ne peuvent toujours pas, quatre décennies plus tard, faire leur deuil. Une situation qui rappelle celle des proches des victimes du *crash* de la caravelle d'Air France effectuant la liaison Ajaccio-Nice le 11 septembre 1968, qui aurait été abattue par un missile non identifié au large du cap d'Antibes. L'enquête judiciaire a été relancée, la demande de levée du secret défense effectuée par Emmanuel Macron… mais le mur du silence reste solide.

Saddam Hussein

Le 19 mars 2003, à la veille du déclenchement de l'invasion de l'Irak par les forces de la coalition menée par les États-Unis, l'Agence nationale de renseignement (CIA) et le Pentagone s'apprêtent à lancer une vaste opération de décapitation du régime. Les cibles : 55 hauts responsables militaires et civils au cœur du pouvoir. L'objectif est d'exécuter en quelques minutes l'ensemble des plus importants preneurs de décision et de paralyser la défense du pays. Mais l'opération est abandonnée à la dernière minute :

sur les conseils de ses plus proches collaborateurs, le président George W. Bush décide de concentrer les frappes sur le complexe de Dora Farms, près de Bagdad, où Saddam Hussein aurait tout juste été localisé. Des missiles de croisière sont tirés depuis des navires de l'US Navy, et des bombes guidées sont larguées depuis des chasseurs furtifs F-117 Nighthawk. Le complexe est atteint comme prévu, mais soit Saddam Hussein n'était pas là, soit il s'en sort miraculeusement. L'objectif de la Maison-Blanche d'écourter la guerre est raté : celle-ci durera six semaines et fera près de 50 000 morts essentiellement irakiens, sans compter les centaines de milliers de morts dans les années de chaos qui s'ensuivent.

Ahmad Shah

Le 27 juin 2005, deux hélicoptères MH-47 Chinook américains serpentent entre les montagnes afghanes près de Sawtalo Sar. Pendant que l'un des deux appareils mène des manœuvres de diversion en faisant semblant de débarquer des soldats en différents points de la vallée, l'autre hélicoptère dépose une petite équipe de quatre éclaireurs des Navy Seals, les forces spéciales de la marine américaine. Leur mission : traquer Ahmad Shah, qui organise des activités anti-coalition dans cette région proche du Pakistan. Pas de chance : à peine déposés, les commandos sont découverts par un berger qui accompagne ses chèvres précisément à cet endroit. D'après le témoignage du seul membre survivant du commando, un vote est proposé par le chef d'équipe pour décider s'il faut exécuter le berger ou non. Quoi qu'il en soit, l'Afghan est relâché. Le groupe américain est rapidement pris pour cible par les Talibans qu'il était venu observer. Leur radio fonctionne mal : les Seals n'arrivent pas à donner leur position exacte. Pire, le commandement américain met plusieurs heures à réagir pour autoriser le décollage des renforts. Au moment où ces derniers s'envolent avec six hélicoptères, dont deux Apache spécialisés dans l'attaque au sol, la bataille est déjà perdue : malgré une résistance jugée héroïque par le Pentagone, trois des commandos sont tués. Le quatrième, projeté au pied d'une falaise par une explosion et sérieusement blessé, sera sauvé par un villageois, acquis à la cause américaine depuis la construction d'une école pour filles dans un village voisin et la distribution de sacs d'aide humanitaire portant la bannière étoilée. Lorsqu'ils arrivent sur les lieux, les renforts peinent à comprendre la situation. L'un des deux hélicoptères de transport lourd se met en vol stationnaire pour déposer huit commandos, qui se préparent à descendre le long d'une corde. Mais les Talibans sont toujours dans les parages. L'hélicoptère reçoit un tir de roquette qui le précipite au sol : la liste des victimes américaines s'allonge avec la mort sur le coup des 16 occupants de l'appareil. Bilan : 19 morts américains, et entre 8 et 35 Talibans tués dans l'assaut initial contre les éclaireurs. Shah sera tué trois ans plus tard durant un échange de tirs avec les forces pakistanaises lors d'un contrôle routier.

Abdul Reza Shahlai

Alors que les drones américains sont déjà en route pour exécuter le général iranien Qassem Soleimani, le 3 janvier 2020, près de l'aéroport international de Bagdad (lire p. 74), une deuxième frappe se prépare contre un autre responsable des Gardiens de la révolution. 2 000 km plus au sud, le général Abdul Reza Shahlai, commandant des soldats d'élite de la république islamique (la force Al-Qods) au Yémen, est ciblé par des tirs de drones sur son quartier général près de la capitale Sana'a. C'est un échec pour les Américains : l'homme n'est pas sur place, et les missiles tuent un autre officier moins gradé. Ce dernier est le premier mort officiellement reconnu par Téhéran sur le territoire yéménite. Cette tentative ratée, dont la Maison-Blanche confirme l'existence quelques jours plus tard, peut laisser supposer que Washington a envisagé une décapitation de plus grande ampleur des forces iraniennes œuvrant dans la région. D'autres estiment qu'Abdul Reza Shahlai n'a été visé en même temps que Soleimani que parce qu'il aurait essayé, quelques années plus tôt, d'assassiner l'ambassadeur saoudien à Washington, et qu'il n'y avait pas de plan de plus grande ampleur.

Daria Douguina

Le 20 août 2022, six mois après l'invasion russe en Ukraine, dans la banlieue de Moscou, l'idéologue nationaliste russe Alexandre Douguine assiste à un événement avec sa fille Daria. Au dernier moment, ils décident de rentrer séparément. Daria Douguina, journaliste et politologue de 30 ans, tout aussi nationaliste que son père, s'installe au volant. Quelques secondes plus tard, le véhicule explose, elle est tuée sur le coup. Le Kremlin accuse immédiatement l'Ukraine d'avoir commandité l'attentat et d'avoir raté sa cible Alexandre Douguine, souvent présenté comme un des « cerveaux » de Vladimir Poutine. Alors que le conflit s'enlise en Ukraine, Washington craint une escalade et juge que Moscou pourrait en profiter pour mener de nouvelles frappes contre de hauts responsables ukrainiens à Kiev, y compris contre le gouvernement ou la présidence. Dans une note qu'il fait fuiter à la presse américaine, le renseignement américain estime[34]

34. Julian E. Barnes, Adam Goldman, Adam Entous et Michael Schwirtz, "The U.S. believes Ukrainians were behind Daria Dugina's assassination", *The New York Times*, 6 octobre 2022.

que l'Ukraine est responsable de l'attaque, autorisée « par plusieurs ministres » mais peut-être pas par le président Volodymyr Zelensky. Et surtout, il dément toute implication dans l'opération, allant jusqu'à affirmer que si des responsables américains avaient été au courant, ils auraient tout fait pour la stopper. L'Ukraine, de son côté, dément avoir commandité l'attentat. Difficile de démêler le vrai du faux, mais une chose est à peu près sûre : la cible était bien Alexandre Douguine. L'assassinat ciblé est donc raté, en raison d'un aléa que de nombreux services secrets anticipent en plaçant des charges télécommandées, qui peuvent être déclenchées ou non en fonction des observations sur le terrain. Ainsi, si la cible n'est pas à l'endroit prévu, la mission est reportée – parfois il suffit d'attendre un ou deux jours pour déclencher l'explosion au bon moment – ou annulée et les explosifs sont récupérés à la première occasion. C'est le fameux principe de réversibilité, qui n'a absolument pas été appliqué ici.

II

Létalité, légalité, légitimité

« L'État se nomme toujours patrie,
quand il prépare un assassinat. »

Friedrich Dürrenmatt[1]

L'assassinat ciblé est un art délicat. S'il est aisé – voire recommandé – de le pratiquer dans une autocratie, il n'en est pas de même pour les démocraties. Les pays qui fondent leur identité et leur légitimité planétaire sur le respect des droits humains, de la justice et des règles internationales se montrent plus frileux lorsqu'il s'agit de justifier une exécution sommaire, fût-elle celle d'un chef terroriste.

1. Dans la pièce de théâtre *Romulus le Grand*.

L'utilité, essentielle à la légitimité

Tuer une personne, si néfaste soit-elle, sans que sa mort n'ait un effet positif, rendrait l'assassinat moins légitime aux yeux de la communauté internationale. L'utilité de la démarche est donc un prérequis pour tout donneur d'ordres qui souhaite rester dans les bonnes grâces de l'opinion publique. Dans les démocraties, l'enjeu est d'autant plus pressant qu'une éventuelle réélection peut en dépendre.

Or, les assassinats ciblés se heurtent à des difficultés récurrentes. La localisation de la cible et son élimination restent complexes, même avec les technologies modernes : par exemple, les États-Unis ont systématiquement échoué dans leurs tentatives d'éliminer Fidel Castro, Mouammar Kadhafi ou encore Saddam Hussein. Par ailleurs, les conséquences indésirables d'une élimination ne peuvent pas être toutes anticipées. Le dirigeant qui ordonne l'élimination d'un ennemi plonge un pays, voire le monde entier, dans un cadre différent, pas forcément meilleur que le précédent, et toute marche arrière est impossible. La chance, chère à Clausewitz[2], joue évidemment un rôle de premier plan. Mais la résilience

2. « La chance est la dernière chose dont manque la guerre. Aucune autre activité n'est aussi continuellement ou universellement liée à la chance. » Carl von Clausewitz, *De la Guerre*, trad. Denise Laville, éd. de Minuit, 1955.

de l'ennemi est souvent sous-estimée, parfois en raison d'une focalisation de la haine contre une personnalité précise. L'élimination de l'amiral Yamamoto par les chasseurs américains (lire p. 32) par exemple n'a pas eu d'effet majeur sur le plan stratégique. La guerre a continué et le Japon, accroché à chaque îlot du Pacifique, ne s'est rendu que deux ans et demi plus tard après les bombardements nucléaires d'Hiroshima et de Nagasaki. La disparition de l'amiral ne semble pas avoir beaucoup changé le cours de la guerre. « Après la bataille de Midway, la suprématie navale et aérienne des forces japonaises dans le Pacifique était sérieusement affaiblie. Cette évolution de la guerre n'aurait pas pu être contrée par Yamamoto s'il avait été vivant », écrit l'historien Adam Leong Kok Wey[3]. Mais l'effet moral, sur les Japonais comme sur les Américains, a été immense. Et il convient de ne pas le sous-estimer non plus…

L'effet sur le moral, principal moteur

Clausewitz place la perte de moral comme deuxième condition de la victoire, derrière la perte de puissance matérielle. Il la juge donc plus importante que la concession de la défaite et l'abandon des intentions

3. Adam Leong Kok Wey, *Killing the Ennemy*, p. 137.

guerrières par l'ennemi. « L'élément moral, la volonté, est l'arme étincelante, dont la poignée, faite de bois, n'est que l'élément matériel », écrit-il avec son style quasi-cryptographique dans *De la Guerre*[4]. « Les actions de décapitation menées par les forces spéciales [...] montrent que le facteur le plus important qui influence leur déclenchement est leur capacité espérée à impacter le moral », écrit Adam Leong Kok Wey en conclusion de son livre historique *Killing the Ennemy*[5]. L'assassinat de Yamamoto a un impact planétaire, en particulier aux États-Unis où l'amiral est haï comme le boucher de Pearl Harbor, et au Japon où sa mort est perçue avec le même choc qu'une défaite dans une bataille. Même certaines opérations ratées, comme la tentative d'élimination de Rommel en Afrique du Nord, peuvent avoir un effet positif sur le moral des troupes amies et négatif sur celui des ennemis.

Dans l'histoire récente, l'effet sur le moral ne semble pas être systématiquement au premier plan dans le processus de décision. Les éliminations de leaders terroristes de second plan, notamment par les États-Unis et Israël, servent un but pratique : priver l'ennemi de ses cerveaux. Cela n'est pas toujours – voire rarement – efficace, puisque de nouveaux chefs

4. Carl von Clausewitz, *op. cit.*
5. *Killing the Ennemy*, *op. cit.*, p. 137.

émergent toujours, et l'objectif médiatique, l'effet sur l'opinion publique, ne sont que rarement atteints. Ainsi, seules les éliminations de chefs de premier plan, comme Oussama Ben Laden, Al-Zawahiri ou Soleimani, ont eu un impact important sur le moral de l'ennemi et sur l'opinion publique américaine.

À l'inverse, dans les premiers jours de l'opération spéciale du Kremlin en Ukraine, en février 2022, la tentative d'élimination du président ukrainien Volodymyr Zelensky par les forces russes aurait pu faire basculer la guerre. Que serait-il advenu de la force morale des Ukrainiens si leur président avait été assassiné, capturé, ou même s'il avait décidé de fuir ? La défense héroïque du pays par les soldats du régime de Kiev, inférieurs en nombre et en matériel, aurait probablement été affaiblie par une telle nouvelle.

Le droit de la guerre

L'un des principaux problèmes juridiques dans les missions clandestines d'assassinat ciblé en temps de guerre est qu'elles ne respectent pas le droit de la guerre. Les conventions de La Haye (dites du « droit de la violence »), adoptées en 1899 et complétées en 1907, précisent que les participants à un conflit armé doivent porter un uniforme. Selon la partie consacrée aux « lois et coutumes de la guerre », cela peut être un habit complet ou un simple signe distinctif visible de loin, comme un brassard[6]. Or, que ce soit dans le cas du commando tchécoslovaque qui tue le bras armé d'Hitler, Heydrich, ou dans le cas de l'espion du Mossad qui abat le chef militaire du Hamas, Emad Akel, il est clair que celui qui appuie sur la détente participe à une guerre mais ne porte pas d'uniforme. « Les lois de la guerre ont été ouvertement bafouées, mais il faut noter que ces brèches dans les règles d'engagement universellement acceptées n'ont généralement pas fait l'objet d'enquêtes ou de poursuites si elles étaient le fait des camps victorieux », ironise l'historien Adam Leong Kok Wey[7]. En revanche, les tentatives menées par des États ensuite vaincus font l'objet de toutes les attentions…

Les décideurs à l'origine de ces opérations les justifient en parlant d'opérations clandestines dont la nature même implique de ne pas porter d'uniforme, afin d'avoir un avantage sur l'ennemi. Cet atout, l'esprit des conventions le jugerait déloyal, mais peu importe ! Durant les deux guerres mondiales, les

6. « Les lois, les droits et les devoirs de la guerre s'appliquent non seulement aux armées, mais aussi aux milices et autres volontaires, sous la condition (...) qu'ils portent un emblème distinctif, reconnaissable à distance », selon *Les lois et coutumes de la guerre terrestre*, convention Hague II, 29 juillet 1899.
7. *Op. cit.*, p. 80.

combattants armés capturés sans uniforme ni signe distinctif étaient souvent abattus sur place, car il était considéré qu'ils renonçaient au statut de prisonniers de guerre. L'adoption des conventions de Genève (dites du « droit de l'assistance ») en 1949 renforce encore la protection des prisonniers et des populations civiles, et rend le port de l'uniforme d'autant plus important pour distinguer les combattants.

L'omnipotence de la guerre contre le terrorisme

« Le politique renonce rarement, sinon jamais, à un avantage stratégique pour des raisons de conscience, mais plutôt par prudence et maîtrise des risques. »

Colin S. Gray[8]

La croisade antiterroriste lancée par les États-Unis après le 11 septembre 2001, rapidement appelée guerre contre le terrorisme, a largement modelé la conception que l'Occident a aujourd'hui des assassinats ciblés. Le champ lexical de leurs justifications a lui aussi été forgé par les équipes de George W. Bush. On parle ainsi d'élimination et non d'exécution, comme

8. Colin S. Gray, "Moral Advantage, Strategic Advantage ?", *The Journal of Strategic Studies*, vol. XXXIII, n° 3, juin 2010.

s'il ne s'agissait pas d'une mise à mort hors de tout cadre légal, d'une exécution sommaire sans procès ni défense à l'exact opposé des principes défendus par les démocraties sur la scène internationale. Non seulement le nombre d'exécutions augmente mais, dans de nombreuses situations, des missions d'élimination qui étaient jusqu'alors confiées à des opérateurs clandestins, par exemple des espions, sont confiées à des militaires en uniforme, arborant le drapeau de leur pays sur l'épaule et agissant au grand jour. Le résultat est le même, puisque la cible est éliminée, mais pour les pays qui sont à la manœuvre, il est nécessaire de justifier ces actions désormais officielles et assumées. L'utilisation du terme terroriste devient donc nécessaire tant pour l'opinion publique, que pour les conseillers juridiques (les fameux *legad*, pour *legal advisors*) des forces. Ces derniers ne pourraient tolérer que les ennemis puissent être qualifiés de soldats et donc protégés par les conventions sur le droit de la guerre. En ce sens, le statut des cibles d'assassinats ciblés rappelle fortement celui des pensionnaires de la prison américaine de Guantanamo, sur l'île de Cuba, privés de droits et torturés car considérés comme des combattants terroristes et non comme des prisonniers de guerre.

Distinctions et points communs entre régimes autoritaires et démocraties

Au rayon des points communs entre les assassinats ciblés des autocraties et ceux des démocraties, il y a bien sûr le champ lexical. « Terrorisme », « élimination », « nécessité », autant de mots que l'on a entendus de la bouche de Kim Jong-Un, de Vladimir Poutine, de François Hollande, de Recep Tayyip Erdogan ou de Barack Obama. Évidemment, ces mots n'ont pas le même sens ni le même poids dans le discours des uns et des autres. Lorsque Vladimir Poutine se félicite de l'élimination d'un terroriste tchétchène, ou Erdogan de la mort d'un dirigeant kurde – alors qu'il s'agit parfois de personnes que l'on pourrait, en Occident, qualifier de combattants de la liberté –, on est loin des assassinats par des drones américains d'auteurs d'attentats terroristes ou par les agents français de chefs de clans auteurs de massacres.

Mais il faut parfois se méfier des apparences. S'il a commis – et commet encore – de très nombreux et infâmes crimes de guerre, le président syrien Bachar el-Assad a aussi prévenu l'Occident avant l'apparition de l'État islamique et mené une campagne d'assassinats, ciblés ou non, contre les chefs et les combattants de l'organisation naissante. Ce qui avait à l'époque indigné les Occidentaux… qui se sont retrouvés quelques années plus tard à essayer d'éliminer les mêmes cibles, devenues plus fortes. L'ironie de cette situation peut rappeler d'autres cas de leaders combinant le statut de criminel de masse et celui de mal – un temps – nécessaire face au terrorisme, comme Saddam Hussein ou Mouammar Kadhafi, dont une petite partie des crimes recouvre des profils de cibles d'assassinats menés par les forces occidentales après l'élimination des leaders. Rappelons aussi que dans ces deux derniers cas, la chute du système autocratique provoquée par les démocraties occidentales a fait beaucoup plus de morts par an que les dictateurs n'en provoquaient par leurs folies meurtrières[9]. Un dilemme philosophique que les dirigeants politiques à Washington, Bruxelles, Paris ou Londres n'étudient que trop peu.

Du côté des différences, force est de constater que cela dépend beaucoup de la personnalité et de l'éthique des acteurs de la chaîne de décision menant à des assassinats ciblés. Du chef d'État au pilote de drone ou au militaire sur le terrain, en passant par le chef d'état-major, le commandant de la force sur le théâtre et parfois le conseiller juridique, chacun

---

9. À titre d'exemple, les guerres engagées par les États-Unis dans la foulée du 11 septembre 2001, notamment en Afghanistan, en Irak et en Syrie, ont fait entre 897 000 et 929 000 morts entre 2001 et 2021, selon une étude de l'Université Brown de Boston. Le coût des interventions est estimé à 8 000 milliards de dollars américains, selon la même étude, disponible en ligne à l'adresse https://watson.brown.edu/costsofwar/

dispose d'une légère liberté de manœuvre. Chaque chaînon a un peu – ou beaucoup – de pouvoir pour influencer le comportement final de son pays et l'utilisation ou non de la puissance létale pour une exécution sans procès. Les différents acteurs situés hiérarchiquement sous le chef d'État ont évidemment moins de marge de manœuvre, parfois aucune, mais ils peuvent faire preuve de plus ou moins de zèle pour appliquer les ordres. Dans les autocraties, bien sûr, le respect des ordres peut être motivé par la volonté de protéger sa famille de représailles, alors que dans les démocraties, à l'inverse, certains chaînons peuvent refuser d'appliquer un ordre au nom du droit national et international auxquels sont soumis, en théorie, leur gouvernement et la conduite de leur mission.

Au XXIe siècle, quelles têtes faut-il couper pour être efficace ?

Traditionnellement, l'objectif des assassinats ciblés est de couper les têtes politiques et militaires d'un adversaire. Côté politique, il s'agit du chef d'État, des membres du gouvernement, des parlementaires influents, mais aussi des conseillers les plus éminents. Côté militaire, du chef d'état-major, des généraux de premier plan, à la tête de telle ou telle branche que l'on souhaite décapiter (le renseignement, l'armée de l'air, etc.), d'officiers stratégiquement placés sur le théâtre (commandants de bases avancées, responsables de l'approvisionnement, etc.) ou encore de spécialistes rares (ingénieur atomicien chargé d'un réacteur nucléaire sur un navire, médecin, etc.). Sur le long terme, certains pays peuvent aussi être tentés de supprimer des cibles dans les secteurs de la recherche et de l'industrie, pour empêcher un État de développer de nouveaux armements, comme Israël le pratique activement pour ralentir le programme nucléaire iranien.

À ces listes s'ajoutent les personnalités liées aux nouveaux champs de confrontation, notamment l'influence et le cyber. Les lobbyistes, les activistes, les journalistes, les pirates informatiques les plus talentueux sont aussi en tête des « *kill lists* »... sauf s'il est possible de les retourner bien sûr, c'est-à-dire les convaincre de changer d'allégeance.

Le cas de la France, coincée entre impératifs opérationnels et posture philosophique

Certains présidents ont beaucoup recouru aux opérations *Homo*, les assassinats ciblés de la France, et d'autres moins. Tous ont évidemment connu des circonstances différentes durant leurs mandats. Mais à l'exception de François Hollande, aucun président n'a publiquement évoqué les assassinats ciblés qu'il a autorisés, pensant peut-être à tort que la société n'est pas prête à l'accepter. Quoi qu'il en soit, l'assassinat ciblé n'a généralement pas bonne presse en France, à l'exception notable des exécutions de cibles désignées comme terroristes, en particulier depuis les attentats de 2015. Les services secrets et les militaires en uniforme, notamment ceux du commandement des opérations spéciales, mènent sans cesse des missions. Mais leurs opérations, réussies ou non, font rarement l'objet d'une communication aussi importante que celle de la Maison-Blanche. Parfois, comme lors de l'exécution, le 3 juin 2020, du chef d'Al-Qaida au Maghreb islamique, Abdelmalek Droukdel, un briefing est organisé pour la presse au ministère des Armées. Quelques images sensibles sont diffusées, sans possibilité pour les journalistes de les enregistrer ou de les diffuser, parce que « la France ne se gargarise pas de tuer des ennemis », nous avait glissé un officier général ce jour-là. L'homme avait résumé tout le dilemme : philosophiquement, la patrie des Lumières ne peut tenir un langage trop assassin, au sens propre du terme, mais elle doit aussi assumer ses actes et rendre des comptes à son opinion publique, qui réclame parfois des têtes, comme après les attentats de 2015. « Pour lutter contre la terreur que veulent imposer les terroristes dans notre population, il faut envoyer des signaux. Parfois il faut montrer le grand sage devant le grand totem, c'est-à-dire diffuser un discours du président de la République, et parfois il faut tuer des ennemis et le faire savoir, c'est l'assassinat ciblé », résumait encore ce même officier général.

La paralysie européenne qui s'annonce

Il semble aujourd'hui à peu près inimaginable que des assassinats ciblés soient menés par l'Union européenne dans un avenir proche. Malgré l'invasion de l'Ukraine et la crise internationale qui menace ses frontières, l'organisation continentale peine encore à prononcer les mots *armée européenne*. Les susceptibilités de chaque État membre interdisent presque toute opération militaire commune, même lorsqu'il s'agit d'opérations sous l'égide des Nations unies. À ce jour, et sauf transfert majeur de souveraineté des capitales nationales vers Bruxelles, la responsabilité de tuer revient aux chefs d'État et à leurs gouvernements et ne peut pas être déléguée aux institutions européennes. Non seulement elles ne pourraient pas prendre la décision, mais elles ne pourraient pas non plus donner un tel ordre à des militaires ou à des agents.

De la subjectivité médiatique

Le traitement médiatique des assassinats ciblés est un exemple parfait de la subjectivité des journalistes[10]. Il devrait être étudié au lycée, pour apprendre aux élèves à percevoir les subtilités de la *vérité* qu'ils pensent trouver en s'informant, y compris via des médias reconnus. Le langage utilisé par les États occidentaux est largement repris : les médias parlent de « guerre contre le terrorisme » et non d'opérations de protection des intérêts nationaux, ils se félicitent de « l'élimination » de djihadistes lorsque des cibles sont en fait assassinées chez elles sans aucune forme de procès. En France, les armées communiquent sur la « neutralisation » de terroristes, sans qu'il soit toujours précisé si les cibles ont été tuées, blessées ou capturées, et le terme est souvent repris par l'Agence France Presse (AFP) et donc par l'écrasante majorité des médias. Nous ne mettons pas ici en doute la légitimité de nombreuses opérations d'assassinat de terroristes, mais il convient de noter que les sociétés occidentales, leurs médias en tête, n'assument pas pleinement que l'exécutif de leur pays démocratique mène des opérations qui, si elles sont souvent

10. Pour rappel, l'auteur est lui-même journaliste. Le mot « subjectivité » n'est pas un gros mot : il est le compagnon évident de toute carrière dans la presse, à l'exception peut-être des agences de presse dont l'ambition est de fournir des contenus factuels à leurs clients, les rédactions des médias.

légitimes, restent manifestement illégales au regard du droit national comme du droit international. Le terrorisme ayant pour objectif de pousser une société à renoncer à son mode de vie et à ses valeurs, l'on peut même s'interroger sur le résultat final. Certes, la cible est éliminée, mais elle l'est par des moyens contraires aux valeurs des démocraties, qui renoncent donc à chaque fois à un fragment de leur identité.

Bavures et autres imprévus

Parfois, les choses tournent mal. Pour une raison technique – par exemple une défaillance d'un missile ou d'un système de guidage – ou pour une raison humaine – par exemple le raté d'un tireur d'élite, ou des renseignements erronés. La communication occidentale ne reconnaît que rarement ses erreurs, et ne le fait que lorsqu'elle y est forcée par des acteurs extérieurs fournissant des preuves irréfutables.

Le 29 août 2021 par exemple, quelques jours après la prise de pouvoir par les Talibans en Afghanistan, un drone américain détruit une maison à Kaboul et tue tous ses occupants. Le gouvernement Biden se félicite d'avoir éliminé une cellule terroriste qui préparait un attentat. Mais des voix s'élèvent rapidement pour dénoncer une bavure. Selon la célèbre American Civil Liberties Union (ACLU), ce sont en réalité dix civils innocents dont sept enfants âgés de 3 à 16 ans qui ont été assassinés. L'un des adultes morts était employé par une ONG américaine. Il avait chargé plusieurs bombonnes d'eau dans son pick-up afin de permettre à sa famille de survivre aux jours difficiles qui s'annonçaient. Grand mal lui en a pris. Sa manœuvre avait été repérée par un drone et les analystes du renseignement en ont conclu qu'il préparait une attaque à l'explosif. Trois jours après un double attentat-suicide très meurtrier à l'aéroport de Kaboul, et alors que le monde entier critiquait l'incompétence américaine et occidentale à protéger le régime qualifié de démocratique, et à anticiper l'offensive talibane, l'armée américaine a peut-être autorisé la frappe sans avoir traité l'information aussi sérieusement qu'à son habitude. Une semaine plus tard, la Maison-Blanche a reconnu avoir commis une erreur et promis de prendre en charge les membres survivants de la famille, ce qui n'avait, selon l'ACLU, toujours pas été fait un an plus tard[11] pour l'essentiel des personnes en danger. Pourtant, l'affirmation américaine selon laquelle les morts étaient des terroristes avait

11. "One Year Later, ACLU Urges President Biden to Keep His Promise to Evacuate Kabul Drone Strike Survivors", communiqué de presse de l'ACLU du 29 août 2022.

forcé les ONG à communiquer sur leur identité réelle, mettant en péril ces survivants, exposés aux représailles des Talibans pour être liés à un « traître » ayant travaillé avec les Américains.

III

La technologie, nerf de l'assassinat ciblé

Les agents humains et leurs gadgets

L'être humain a toujours redoublé d'inventivité pour tuer. L'essentiel des innovations sont tournées vers l'efficacité et l'augmentation de la létalité, du gourdin à l'épée, du fusil à la mitraillette, de la bombe au missile. Pour les assassinats ciblés, les ingénieurs et souvent les espions eux-mêmes ont toutefois dû innover avec un cahier des charges différent : il a fallu favoriser la discrétion, le discernement (pour ne toucher que la cible), la rusticité ou encore le « démenti plausible », c'est-à-dire l'art de laisser suffisamment de flou sur l'origine de l'attaque. Ainsi a-t-on vu apparaître des dagues, beaucoup moins efficaces que les glaives mais tellement plus faciles à glisser sous un vêtement, des petits pistolets à silencieux, arme fétiche de James Bond mais aussi d'assassins bien réels, qu'ils soient mandatés ou non par un État, ou encore les missiles guidés pouvant désormais être tirés par des drones dotés d'intelligence artificielle et parfois d'une réelle autonomie dans la létalité.

Les agents chimiques

Complexes à synthétiser et à manipuler, les gaz et agents neurotoxiques, ou composés organo-phosphorés[12], doivent être déposés sur le corps d'une victime ou diffusés dans l'air ambiant. Cette dernière opération est plus complexe qu'il n'y paraît. La secte Aum, responsable de l'attentat au gaz sarin dans le métro de Tokyo le 20 mars 1995[13], en sait quelque chose : avec cinq sacs remplis de gaz neurotoxique et ouverts dans cinq stations de métro différentes à l'heure de pointe, le bilan n'a été « que » de 13 morts. Si plus de 6 000 personnes ont été blessées, la mauvaise qualité du gaz synthétisé, ainsi que le manque d'anticipation de la mécanique de circulation de l'air dans le métro, ont fait échouer l'opération. L'un des principaux vecteurs de contamination s'est

12. À dose beaucoup plus faible, des organophosphorés sont utilisés dans certains insecticides.
13. Sur ce sujet, écouter l'émission *Affaires sensibles* de France Inter, « 1995, l'attentat au gaz sarin dans le métro de Tokyo », diffusée 3 septembre 2018 et disponible sur radiofrance.fr.

même révélé être une victime qui, en sortant du métro pour se rendre à l'hôpital par ses propres moyens, a contaminé des passants venus l'aider.

Le VX, version plus mortelle du sarin[14], n'est pas un gaz mais un liquide. D'ailleurs, lors de l'assassinat de Kim Jong-Nam par des agents nord-coréens, la substance innervante a été déposée directement sur le visage de la victime et n'a pas été vaporisée. Un chimiste faisait partie du commando afin de superviser l'utilisation de cette substance extrêmement dangereuse et difficile à manipuler, à la fois pour la préparation du produit mais aussi pour son transport, son transfert sur les mains des deux femmes qui ont tué la cible sans le savoir (lire le récit p. 80), et peut-être pour limiter le risque d'une contamination plus large dans l'aéroport de Kuala Lumpur.

Les progrès de la recherche permettent d'imaginer un jour disposer d'agents biologiques capables de cibler précisément un caractère humain (origine ethnique, gènes familiaux, etc.), mais cette étape est loin d'être atteinte. En juillet 2022, un membre de la commission du renseignement de la Chambre des représentants, le démocrate Jason Crow, a demandé aux citoyens américains de ne plus partager leur

14. La dose mortelle est dix fois inférieure à celle du sarin.

ADN avec les entreprises privées[15]. « Certaines armes sont désormais développées pour cibler des individus », a prévenu cet ancien officier d'élite de l'armée américaine, avant de regretter que « la demande de protection des données privées ait chuté ces vingt dernières années, surtout chez les jeunes ». De nombreux sites proposent sur Internet un service de séquençage de l'ADN permettant, sous réserve d'envoyer un échantillon de salive, de connaître l'ensemble de ses origines ethniques ainsi que de rechercher certaines maladies héréditaires. Toutefois, ces entreprises se constituent ainsi une gigantesque base de données sur les caractéristiques génétiques de l'humanité[16], laquelle peut être détournée pour être utilisée contre certains groupes d'individus. Compte tenu de la vitesse à laquelle d'autres données privées ont été utilisées contre les internautes à leur insu, par exemple dans le cas du scandale Cambridge Analytica sur Facebook qui a facilité l'élection de Donald Trump en 2016, il est raisonnable de penser que les données génétiques ne feront pas exception et seront massivement exploitées. « Ce type de données sera collecté et utilisé par nos adversaires », a d'ailleurs martelé Jason Crow lors de la même intervention.

---

15. Discours prononcé au forum de la sécurité d'Aspen, le 22 juillet 2022. Vidéo disponible en ligne : https://www.youtube.com/watch?v=-RPl4EsMp5Q
16. La principale entreprise du secteur, 23andMe, est dirigée par l'ex-épouse du cofondateur de Google, Sergeï Brin.

Les substances radioactives

Distiller quelques milligrammes de substances radioactives dans la tasse de thé d'une cible, ou en glisser quelques grammes dans un objet de sa vie quotidienne sont aussi une solution pour éliminer un ennemi.

Une exposition de moins d'une seconde à une poignée de secondes à des rayonnements ionisants peut être suffisante pour neutraliser ou assassiner un ennemi. Dans son rapport[17] sur les accidents d'exposition, l'Institut de radioprotection et de sûreté nucléaire cite des dizaines de cas où des ouvriers, des ingénieurs ou des curieux ont subi des amputations et des blessures très graves suite à des imprudences ou des accidents d'exposition. De là à imaginer un scénario d'assassinat au long cours utilisant des matières radioactives, il n'y a qu'un pas.

La Russie est devenue experte dans l'utilisation de substances radioactives aussi discrètes que rares. L'assassinat du transfuge Alexandre Litvinenko en 2006 à Londres, s'il n'est pas un acte de guerre, illustre bien les méthodes que Moscou peut utiliser. En 1998, l'homme, qui est alors lieutenant-colonel

17. *Les accidents dus aux rayonnements ionisants, le bilan sur un demi-siècle*, rapport de l'IRSN du 15 février 2007.

des services secrets russes, le FSB, a la mauvaise idée de dénoncer auprès de la presse un ordre d'assassinat qu'il juge illégitime. Poursuivi en justice par son gouvernement, il réussit à s'enfuir à Londres, d'où il continue ses révélations et semble travailler pour le renseignement britannique, le MI6. Deux de ses anciennes connaissances du KGB – devenu le FSB – le convainquent de prendre un thé dans le bar d'un hôtel de la capitale britannique : ils veulent lui demander de les aider à lancer leur société de sécurité dans le pays. Deux heures plus tard, Litvinenko est saisi par la douleur et suspecte immédiatement un empoisonnement. Il ingère une grande quantité d'eau dans l'espoir de purger son système digestif, mais il est trop tard. Ses anciens collègues ont visiblement glissé du polonium 210, une substance radioactive difficilement détectable, dans sa tasse. Trois semaines plus tard, malgré les soins intensifs dispensés à l'University College Hospital, il décède. Les services russes, en utilisant le polonium 210, ont réussi à tromper plusieurs semaines l'un des meilleurs systèmes de santé et d'enquête au monde : la cible a d'abord été traitée comme si elle avait été empoisonnée au thallium (un métal toxique et mou, utilisé dans la mort-aux-rats), avant que des traces de radioactivité ne soient détectées.

L'arme connectée et intelligente

Monter un guet-apens sur une route ou dans un bâtiment, mais ne risquer aucune capture ou élimination d'agent sur le terrain, voilà le concept inauguré par Israël avec l'assassinat de Mohsen Fakhrizadeh en 2020 (lire le récit p. 51). Ce jour-là, l'État hébreu teste pour la première fois un système combinant une mitrailleuse FN MAG de calibre 7,62 mm cachée dans une voiture garée sur le bas-côté, une connexion satellite, de multiples caméras et une intelligence artificielle probablement dotée de reconnaissance faciale. Le but : évacuer l'équipe d'agents avant l'attaque et laisser un maximum d'autonomie à l'ordinateur sur place pour ajuster le tir, au sens propre comme figuré. Une fois les équipements installés, l'opérateur n'a qu'à appuyer sur le bouton, à 1 600 km de là, pour assassiner sa cible protégée par plusieurs véhicules de l'unité d'élite des Gardiens de la Révolution.

« La supermitrailleuse contrôlée à distance rejoint le drone de combat dans l'arsenal high-tech destiné aux assassinats ciblés », assure alors le *New York Times*[18]. De telles installations terrestres intelligentes pourraient paraître inutiles avec l'avènement des drones, mais

18. Ronen Bergman and Farnaz Fassihi, *op.cit.*

elles ont un avantage énorme : la discrétion. Un drone en vol peut souvent être repéré, surtout s'il est assez gros pour embarquer une mitrailleuse. En revanche, un système caché dans une voiture comme celle que le Mossad a utilisée permet de déployer un armement de taille et de poids important, sans mettre en péril l'effet de surprise. Si l'opération israélienne a nécessité de nombreuses semaines de préparation et de repérages, il est aussi possible d'imaginer qu'une puissance déploie plusieurs de ces systèmes sur des routes, et les laisse agir lorsqu'ils reconnaissent une personne présente dans la base de données biométrique des cibles stockée dans leur mémoire. Combiné à des drones, ce système serait un très redoutable outil d'assassinat ciblé. Une puissance occupante pourrait par exemple y recourir dans un territoire disputé, pour éliminer des opposants de manière systématique.

Les petits drones civils : cauchemars en gestation

La démocratisation des petits drones civils marque une étape majeure dans l'évolution des technologies permettant les assassinats ciblés. « Aujourd'hui, nos barrières de protection sont encore en deux dimensions : nous dressons des périmètres autour des sites sensibles ou des personnalités à protéger, mais très rarement des bulles de protection anti-aériennes et anti-drones », nous concédait en 2020 l'un des grands patrons du contre-espionnage français, au détour d'une conversation informelle. Pour le général Ghislain Réty, à la tête du Groupe d'intervention de la Gendarmerie nationale (GIGN), « il faut s'attendre à tout type de charge utile avec les petits drones : arme à feu, substance chimique, acide, explosif… ». Ainsi, « notre premier réflexe est la fuite et la protection, car nos dispositifs actuels ne nous permettent pas de lutter », ajoute-t-il. Le GIGN est chargé, entre autres, de la protection de personnalités. Il a été la première unité militaire française dotée de drones, en 2006[19]. Les exemples d'attaques ou d'intrusions par de petits drones achetés quelques centaines de dollars sur Internet – pour ne pas laisser de trace en magasin – sont légion. C'est le cas en France bien sûr, avec, depuis le début des années 2010, de nombreux survols sauvages du palais de l'Élysée, le saint des saints, ou de la résidence de la Lanterne pendant des séjours du président de la République, au nez et à la barbe de la Garde Républicaine et des gendarmes spécialisés qui protègent ces lieux de pouvoir. Les activistes de certaines ONG, dont notamment Greenpeace, parviennent régulièrement à survoler des centrales nucléaires, des sites industriels

19. Entretien avec l'auteur, 28 février 2023.

si sensibles qu'ils sont gardés vingt-quatre heures sur vingt-quatre par des pelotons spécialisés de protection de la Gendarmerie (PSPG). En Allemagne, la prise de conscience des services de sécurité a eu lieu très tôt : en septembre 2013, un discours d'Angela Merkel est interrompu par un activiste du parti pirate qui fait voler un drone au-dessus de la foule et le pose juste à côté de la chancelière d'alors, sous les yeux médusés de son service d'ordre. Le constat est le même aux États-Unis, en Inde, au Japon, au Brésil, en Australie… Partout dans le monde, les petits drones sont devenus le cauchemar des autorités. Les survols de lieux moins exposés médiatiquement mais tout aussi sensibles sont innombrables, des bases militaires à vocation nucléaire aux réservoirs d'eau potable des grandes villes, en passant par les axes des pistes des aéroports civils ou les centres de lancement de fusées spatiales. Et encore, il ne s'agit là que des survols qui ont été détectés : il y a fort à parier que de nombreuses intrusions ont eu lieu sans que personne ne s'en rende compte, notamment à des fins d'espionnage.

L'angoisse de tous les services de protection des personnalités est que ces drones soient armés. Les plus petits appareils, de quelques centimètres d'envergure, ne peuvent pas soulever de charge explosive suffisante pour tuer, mais ils peuvent emporter un poison ou un gaz létal. À partir d'une quinzaine de centimètres d'envergure, ils peuvent emporter quelques dizaines de grammes d'explosifs. Les soldats occidentaux déployés en Afghanistan, en Syrie ou dans la bande sahélo-saharienne, Français compris, ont subi depuis 2016 des centaines d'attaques par de petits drones civils modifiés pour emporter une grenade. Leurs alliés locaux en ont aussi largement fait les frais, si ce n'est plus, puisqu'ils sont souvent la première ligne de protection des bases occidentales. Des dizaines de soldats sont déjà morts, tués par de petits drones civils, des centaines ont été blessés. En Ukraine aussi, des images attestent de ce type de pratique. D'autres bricoleurs à travers le monde installent un minicanon de pistolet sur des drones du commerce, afin de les transformer en tueurs à gage de nouvelle génération. Avec les progrès faits par les systèmes de stabilisation en vol et d'optronique[20], la visée est bien meilleure que celle d'un agent humain…

Pour des assassinats ciblés, le minidrone est donc une arme parfaite. Discret, agile, dépourvu de marque d'appartenance ou d'origine, il peut se faufiler n'importe où – quitte a être grimé en oiseau ou en insecte – pour frapper une cible de haute valeur là où elle s'y attend le moins : dans sa chambre, aux toilettes, à la pêche ou devant l'école de ses enfants. Les progrès

20. Ensemble des systèmes combinant optique et électronique.

technologiques vont rendre cette arme encore plus redoutable, avec l'ajout d'une intelligence artificielle permettant un ciblage immédiat et quasiment infaillible même dans une foule. En 2017 en Chine, le journaliste de la BBC John Sudworth a joué un exercice avec les autorités, dans lequel la police devait le localiser le plus rapidement possible. Le but était de démontrer l'efficacité des 170 millions de caméras alors déployées dans le pays, reliées à des algorithmes de reconnaissance faciale chaque jour plus performants. Il n'a fallu que 7 minutes aux autorités de la ville de Guiyang pour appréhender le journaliste… en comptant le temps de déplacement des policiers. Autre anecdote, racontée par un officier supérieur français : lors d'un voyage officiel en Chine en 2020, il sort le soir faire un footing avec deux autres militaires. Le petit groupe, totalement seul dans la pénombre, passe un feu piéton rouge. Lors de leur sortie du territoire, quelques heures plus tard, les policiers chinois reprochent l'infraction aux Français, images des caméras de surveillance à l'appui. Leurs visages ont été identifiés en temps réel et seul leur statut diplomatique les a protégés des poursuites d'usage… Équipés des meilleurs systèmes de reconnaissance biométrique, comme ceux qui équipent les caméras de vidéosurveillance chinoises par exemple, les drones peuvent donc identifier en quelques dixièmes de secondes une cible avec une fiabilité supérieure à 99 %, loin devant ce qu'un cerveau humain considère comme fiable. Il ne reste ensuite plus qu'à disposer d'un système offensif embarqué suffisamment performant.

La détection des drones, un défi de chaque instant

La première étape pour se protéger des drones est de savoir les détecter. Historiquement, la question a d'abord relevé du contre-espionnage, puisque les minidrones étaient l'apanage des espions qui déguisaient des micros en insectes et des caméras en oiseaux, dans le but d'aller écouter une réunion dans le bureau ovale de la Maison-Blanche ou les sous-sols du Kremlin… avec un succès tout relatif. Mais depuis le début des années 2000, des dizaines de laboratoires militaires planchent sur le sujet, de la DARPA (Defense Research Projects Agency) américaine aux bureaux secrets de l'Armée populaire de libération chinoise, en passant par les équipes d'ingénieurs de l'armée russe, tous aidés par les experts historiques des services de renseignement. Les industriels de la défense, flairant de futurs marchés juteux, se sont lancés au milieu des années 2010.

Les solutions de détection sont aussi multiples qu'élégantes. Bien sûr, l'on trouve la traditionnelle détection radar, qu'il faut toutefois adapter à la taille des objets volants. Il ne s'agit plus de traquer un avion de plusieurs tonnes et largement constitué de métal, ni même un ULM ou un planeur, mais bien de discerner un drone de quelques dizaines de grammes à quelques kilos, quasi-dépourvu de métal, dans un environnement saturé d'objets ayant le même profil radar : les oiseaux. Outre les ajustements de longueurs d'ondes afin de s'adapter au profil des cibles, les intelligences artificielles sont devenues cruciales pour apprendre à différencier le profil de vol des animaux de celui des appareils artificiels… lorsque ces derniers n'imitent pas volontairement le parcours imprévisible d'un merle noir ou d'un pigeon, pour se fondre dans le paysage.

Une autre technique de détection consiste à utiliser des capteurs optiques, diurnes et nocturnes. Avec des caméras ultrasophistiquées, dérivées de celles utilisées sur les navires de guerre pour zoomer sur des embarcations suspectes à plusieurs kilomètres de distance, les industriels de la défense arrivent à proposer aux gouvernements des systèmes capables de caractériser une menace en quelques instants, du moment qu'elle pénètre dans un périmètre de visibilité variable selon les conditions atmosphériques, de quelques centaines de mètres à une poignée de kilomètres. Là aussi, les oiseaux sont l'ennemi de la machine, qui apprend à les détecter tout en gardant un œil sur ceux qui adopteraient un comportement jugé menaçant, au cas où ils seraient en réalité des drones… L'utilisation de caméras thermiques en complément, permet en général de différencier les objets volants biologiques des artificiels, mais là encore la course à la technologie pousse les attaquants à redoubler de ruse en masquant la signature thermique de leurs drones.

Certains ingénieurs ont cherché plus loin. Après les ondes radar, l'image et la chaleur, que reste-t-il à exploiter ? Le bruit bien sûr ! En France, l'Agence de l'innovation de défense (AID) a par exemple lancé en 2019 Deeplomatics, un programme reposant sur des « super micros » capables de détecter le bruit caractéristique des hélices d'un drone à plusieurs centaines de mètres. Couplé à un système d'identification optique et après avoir analysé des dizaines d'heures d'enregistrements audio de drones, puis appris à les identifier dans le bruit ambiant des villes, le système a réussi lors des tests à détecter 95 % des attaques et à identifier le modèle de drone dans 85 % des cas. Une prouesse réussie par les équipes du Laboratoire de Mécanique des Structures et des Systèmes Couplés (LMSSC) et le laboratoire CEDRIC (Centre d'études et de recherche en informatique et communications) du CNAM (Conservatoire national des arts et métiers), en partenariat avec le groupe Acoustique et Protection du Combattant et le groupe Advanced Visionics and

Processing de l'Institut franco-allemand de recherches de Saint Louis (ISL) et la société ROBOOST. De quoi donner des sueurs froides aux attaquants qui, eux, vont être bien en peine pour réduire le bruit émis par les moteurs sans alourdir fortement leur machine. Autre avantage : acoustiquement parlant, les oiseaux ne présentent pas de risque de confusion, à l'inverse des tondeuses à gazon dans les jardins voisins, ou des souffleuses à feuilles qui arpentent les trottoirs des villes.

Pour optimiser leurs chances, les défenseurs ne doivent pas choisir l'un de ces systèmes, mais plutôt les combiner. Ils ne sont pas incompatibles et doivent être utilisés ensemble pour tirer parti du point faible de tous les types de drones, de chaque bricolage astucieux réalisé par l'adversaire pour pallier un point faible au prix d'une concession sur un autre.

Neutraliser les drones

La technique de neutralisation des drones la plus répandue est le brouillage à l'aide de fusils à ondes, des équipements plus imposants que des fusils d'assaut, mais qui permettent un ciblage relativement précis. Des unités spécialisées sont d'ailleurs déployées par l'armée de l'air sur les bases aériennes, non seulement sur le territoire national mais aussi (et surtout) sur les bases aériennes projetées. En Jordanie par exemple, sur la base surnommée « H5 » où sont installés les chasseurs de l'opération Chammal, dans une petite partie de l'espace disponible sur cette immense infrastructure aussi utilisée par d'autres, des militaires français équipés de fusils à ondes surveillent systématiquement chaque décollage et chaque atterrissage depuis les buttes enserrant la piste. Ils sont aussi équipés de fusils à pompe, une technique rustique mais qui peut être efficace en dernier recours, lorsque le drone a réussi à s'approcher. Ce type de mesure est désormais un impératif lors de déploiements. À tel point que l'US Air Force a annoncé en septembre 2022 la création de l'Unité 99, un petit groupe d'aviateurs qui auront quasiment carte blanche pour tester au Moyen-Orient, en conditions réelles, toutes les technologies antidrones qu'ils identifieront.

En dehors des opérations militaires à proprement parler, pour certains événements sensibles, les forces de l'ordre ou les militaires décident de brouiller préventivement de larges bandes de fréquences, sans ciblage directionnel, créant ainsi des « bulles blanches ». Lors des défilés du 14 juillet à Paris, par exemple, les ondes Wifi, Bluetooth et mobiles sont très largement brouillées autour de la tribune présidentielle où prennent place le président de la République, les ministres ainsi que les invités étrangers de premier plan. Cela avait d'ailleurs joué des tours à Franky Zapata le 14 juillet 2019 : lorsqu'il avait voulu s'élancer pour faire la démonstration très remarquée de son Flyboard, un système individuel de type "jetpack" qui permet à un soldat de voler. Quelques minutes avant le décollage, l'inventeur s'était rendu compte qu'une partie des équipements de sa combinaison ne pouvaient plus communiquer en Bluetooth. Après un moment d'hésitation, la démonstration avait ainsi eu lieu en mode dégradé, sans que personne ne s'en rende compte… « On y va », avait lancé, le ton un peu hésitant, le jeune officier français responsable du vol. Heureusement, tout s'est bien passé. Pour les sommets internationaux, de telles bulles sont aussi créées, comme par exemple pour le G20 d'octobre 2021 à Rome, en Italie, durant lequel les autorités ont largement brouillé les ondes autour des installations sensibles. Au port spatial de l'Europe, à Kourou, l'opération Titan est déclenchée pour protéger chaque lancement de fusée, avec des volets terrestre, maritime et bien sûr aérien, ce dernier incluant désormais des dispositifs antidrones. En France toujours, où les échéances sportives sont importantes en 2023 et 2024, le ministère des Armées a développé le système Parade (Protection déployAble modulaiRe Anti DronEs…), qui combine des équipements optroniques et de brouillage.

Anecdote: le premier fusil brouilleur d'une société française spécialisée était nommé « Scrambler ». Ils avaient traduit avec *Google traduction* « brouilleur », et Google avait utilisé l'adjectif « brouillé » issu des « œufs brouillés » (*scrambled eggs*) au lieu du mot désignant le brouillage des ondes (*jamming*). Voilà comment s'assurer une entrée remarquée sur le marché américain…

Les canons laser

De véritables armes laser entrent discrètement en service dans les armées les plus avancées du monde. Pudiquement qualifiées d'armes à énergie dirigée, elles se concentrent sur les problèmes rencontrés aujourd'hui par les militaires sur le terrain: la lutte antidrones, l'interception de missiles ou encore le percement de blindages. Tout cela en bousculant profondément la logistique et l'économie de guerre, puisque, une fois le canon développé et installé à grands frais, les tirs sont virtuellement illimités et reviennent à quelques dizaines de centimes chacun. Les lasers sont un excellent moyen de neutralisation des drones. Grâce à des détecteurs radar et optiques, ils savent où viser et peuvent délivrer précisément la charge voulue pour endommager ou détruire le drone. Dans plusieurs pays, dont les États-Unis et Israël, des démonstrateurs prometteurs sont déjà utilisés comme s'ils étaient opérationnels, tant la demande est importante.

Outre leur coût d'utilisation, les avantages sont multiples : côté logistique, il n'y a pas besoin de munitions, et la même arme peut délivrer une puissance de feu adaptée à la cible en temps réel. De plus, il n'existe pas de contre-mesure efficace à ce jour. En revanche, quelques défis doivent encore être relevés par les ingénieurs, au premier rang desquels figure le stockage de l'énergie nécessaire aux tirs. Ces derniers nécessitent en effet beaucoup d'électricité, il faut donc à la fois une source d'alimentation puissante et des batteries à haute capacité, rechargeables entre chaque tir. Par ailleurs, le ciblage se révèle parfois complexe, en particulier contre les cibles de petite taille comme les drones, ou contre celles qui se déplacent à haute vitesse comme les missiles. Le système d'acquisition et de suivi de cible doit être capable de diriger le laser même si celui-ci a besoin d'appliquer l'énergie durant plusieurs secondes sur la cible avant qu'elle ne soit détruite. Les progrès sont rapides dans le domaine. En décembre 2022, le géant américain Lockheed Martin a signé avec l'Israélien Rafael pour adapter le laser Iron Beam[21], la partie laser du bouclier Iron Dome qui doit entrer en service d'ici 2025.

21. "Lockheed Martin and Rafael to co-operate on High Energy Laser Weapon System", Defence Procurement International (en ligne), 5 décembre 2022.

Les drones intercepteurs

Une autre solution de lutte antidrones consiste à combattre le mal par le mal, en déployant un drone intercepteur. Les expérimentations sont relativement modestes, mais le principe est prometteur, car il ouvre la voie à une défense agile, moins dépendante d'un poste de détection et de commandement centralisé qu'une solution laser par exemple. Plusieurs armées dans le monde expérimentent des intercepteurs-suicides, dont le seul rôle est de foncer précisément sur la cible et d'exploser, si possible en formant une bulle de létalité – pour le drone ennemi – assez importante. Ainsi, même si le drone adverse esquive au dernier moment, il sera détruit ou neutralisé, par des éclats heurtant ses hélices par exemple.

Le brouillage des drones

Dernière possibilité évoquée ici, celle du brouillage local du GPS, un système de géolocalisation très souvent utilisé par les drones pour atteindre leur cible. Grâce à une antenne spécifique dont disposent plusieurs armées dans le monde – notamment les Russes, les Américains et les Israéliens –, il est possible soit de couper le signal, soit de donner des informations erronées aux récepteurs dans une zone. Cette dernière ne peut toutefois pas être très restreinte, ce qui rend ce procédé quasiment inutilisable hors d'une zone de guerre, tant les effets collatéraux seraient importants. De plus, les drones peuvent être programmés et se passer de GPS. Leur ordinateur de bord peut utiliser des capteurs optiques de reconnaissance de terrain pour « lire » le paysage et le comparer avec les images en 3D contenues dans sa mémoire : il lui suffit alors de s'orienter en fonction de ce qu'il voit, en temps réel, pour rejoindre sa cible. Il peut aussi trianguler sa position à partir d'autres éléments stables, comme des balises radio, des émetteurs de télévision ou même en naviguant aux étoiles de manière automatisée. « Beaucoup de drones sont aujourd'hui pré-programmés, dans ces cas le brouillage n'a pas d'intérêt », selon le général Réty, du GIGN[22]. Construire une bulle de protection ainsi dotée de multiples capteurs et effecteurs coûte toutefois très cher. C'est possible pour défendre des unités militaires de haute valeur, comme un porte-avions, une base sensible ou un poste de commandement, pour interdire l'accès aux jardins de l'Élysée ou à une enceinte sportive pendant la Coupe du monde de rugby ou les Jeux olympiques. Mais un déploiement permanent autour de tous les gouvernants, dirigeants civils et militaires n'est pas envisageable.

22. Entretien avec l'auteur, 28 février 2023.

Éviter le marteau sur une fourmi

Durant les premières années d'utilisation malveillante des drones, il a été envisagé de faire appel aux défenses sol-air ou air-air traditionnelles pour se protéger, car c'étaient les seules solutions disponibles. Ainsi, en l'absence d'alternatives opérationnelles, certaines armées ont abattu des petits drones avec des missiles, transposant à ces engins high-tech des procédés d'élimination datant de la guerre froide. Dans les cas où le drone est suffisamment visible pour l'autodirecteur du missile, cela fonctionne… mais à quel prix ? Un missile de batterie antiaérienne coûte plusieurs millions de dollars, alors que les petits systèmes portatifs de type « Manpads » reviennent dans le meilleur des cas à une centaine de milliers d'euros par tir. Tout cela pour arrêter un petit drone coûtant entre cent et mille dollars. Certains groupes terroristes en sont conscients et mènent d'ailleurs une guerre d'usure financière. Ainsi, le Hamas continue de harceler le bouclier israélien Iron Dome (Dôme de fer) avec un double objectif. Premièrement, réussir à faire tomber une roquette sur des cibles civiles ou militaires israéliennes, ou à les toucher avec de petits drones. Cela fonctionne rarement : depuis son entrée en service en 2011, le système de protection aérienne revendique un taux de réussite des interceptions de 95 %. Mais il suffit qu'une roquette passe pour atteindre l'effet de terreur recherché… Le deuxième objectif est de forcer l'état hébreu à jeter des centaines de millions de dollars dans le conflit. Outre les coûts de développement du Dôme de fer, un chiffre gardé secret par Israël (mais la seule contribution américaine s'élève à 205 millions de dollars), Israël doit supporter le coût des munitions. Un missile intercepteur Tamir coûte environ 50 000 dollars, contre quelques centaines de dollars pour une roquette « faite maison » par le Hamas, à partir d'engrais agricoles notamment. Ainsi, les 10 et 11 mai 2021, lorsque 480 roquettes ont été tirées et 200 interceptées, le Hamas a investi environ 250 000 dollars dans son attaque, alors qu'Israël a tiré plus de 10 millions de dollars de missiles intercepteurs. Pour la conception des systèmes antidrones, chercheurs et industriels doivent donc prendre en compte la nécessaire proportionnalité entre le coût pour l'attaquant et le coût pour le défenseur. Il leur faut donc développer un système très complexe et intelligent, mais qui n'a d'intérêt que s'il est bon marché. Une contrainte qui n'est pas forcément très ancrée dans les pratiques des grands industriels…

La question éthique

Détecter le drone et être capable de l'abattre ne suffit pas : il reste la question éthique. « Qui décide ensuite de brouiller, notamment en zone urbaine ? Et si le brouillage empêchait une personne âgée de téléphoner au Samu ? Encore pire : qui décide de faire tomber un drone armé devant un stade plutôt que dans un stade ? Dans les deux cas il y aura des victimes », confiait, fin 2021, le dirigeant d'une société européenne spécialisée dans les systèmes antidrones[23]. Les développeurs des intelligences artificielles qui animent les pilotes automatiques des voitures high-tech comme les Tesla ont été très tôt confrontés à ce genre de dilemmes : comme décider à l'avance ce que devra faire la voiture face à une situation où elle est obligée, par exemple, de sacrifier soit un piéton, soit le conducteur. Des programmeurs se sont même retrouvés sur le banc des accusés, jugés en Californie pour avoir pré-écrit un scénario macabre. Ce sera vraisemblablement la même chose pour les concepteurs d'IA antidrone, lorsqu'il faudra décider à quel moment le drone doit être abattu, par quel moyen et au-dessus de quelle zone. En cas de *crash* d'un drone armé, embarquant quelques dizaines de kilos d'explosifs, il peut y avoir

23. Entretien avec l'auteur, sous le couvert de l'anonymat.

plus de victimes si le drone est intercepté au-dessus d'un quartier d'habitations que s'il atteint sa cible.

Peut-être suffirait-il de se passer d'IA et de tout laisser dans les mains d'un décideur humain, répondent certains. Mais cela pose deux problèmes. D'abord, lorsque les adversaires font appel à l'IA, dont le temps de réaction est de quelques millisecondes, il est difficile de se défendre sans être doté des mêmes armes. Dans le cas d'une attaque massive de minidrones en essaim (lire le paragraphe dédié ci-dessous), la réactivité nécessaire serait strictement hors de portée d'un cerveau humain. Et même lorsque l'humain reste dans la boucle, la question de l'éthique n'est pas toujours résolue. Si les policiers, les gendarmes et les soldats savent précisément quelles sont les règles d'ouverture du feu avec leurs armes, *quid* des règles d'ouverture du « feu » antidrone, à l'aide d'un fusil brouilleur, d'un fusil à pompe, d'un laser ou d'un drone intercepteur ? Dans l'armée de l'air française, il existe un concept de « haute autorité de défense aérienne » (HADA), un officier placé dans un centre de commandement au sol ou aéroporté, au plus près de l'action, et auquel le pouvoir d'autoriser le feu est délégué tant il est important de disposer d'une grande réactivité. Pour la lutte antidrones, difficile d'imaginer la conservation d'un modèle de sécurité intérieure dans lequel les agents de terrain doivent rendre compte avant d'agir, s'ils n'ont pas la preuve qu'il existe un danger immédiat.

Les essaims de drones, l'arme fatale

Nous avons vu que les drones sont une arme redoutable, très difficiles à contrecarrer malgré des financements massifs accordés aux recherches antidrones. Face aux défenses développées dans cette course sans fin aux armements, les stratèges ont trouvé une technique d'attaque quasiment imparable : l'essaim de drones. Il s'agit de nuages de dizaines, de centaines voire de milliers de drones opérant simultanément, comme des vols d'oiseaux, avec une intelligence artificielle capable d'éviter toute collision et d'attribuer des tâches à chacun en temps réel. Cela permet de réagir à d'éventuelles pertes ou défaillances, en répartissant la tâche de l'appareil perdu sur ses voisins de vol. Si un système de protection antidrones se révélait assez excellent pour revendiquer 99 % de réussite face à un drone, il suffirait de l'attaquer avec une centaine d'appareils pour avoir une réelle chance, ou même un millier pour quasiment s'assurer du succès de l'attaque. C'est d'autant plus aisé que les petits drones sont peu coûteux et très mobiles, alors que les infrastructures de défense sont extrêmement chères et généralement peu mobiles. « Les essaims sont quasiment impossibles à contrecarrer : pour 15 ou 20 000 euros quelqu'un peut créer un essaim, ce n'est pas cher payé ! », juge le général Ghislain Réty[24].

Les essaims de drones peuvent compter sur un effet redoutable : la saturation des défenses ennemies. Si des centaines de drones arrivaient un à un sur les défenses, statistiquement l'un d'eux pourrait déjà réussir à passer, mais le pari serait risqué pour l'attaquant. La solution ? En arrivant de manière simultanée et massive, les drones peuvent compter sur l'incapacité des défenses à gérer et traiter des centaines de cibles à la fois. Même les meilleurs canons de proximité, ces outils ultraperformants embarqués sur les navires pour tirer à haute fréquence sur des menaces de surface ou aériennes proches, seraient impuissants. Cette vulnérabilité est parfois le résultat d'une limitation du nombre de menaces traitées simultanément par le radar ou les systèmes informatiques, parfois une incapacité à tirer des obus et des contre-mesures ou à brouiller dans plusieurs directions à la fois, et parfois les deux. La saturation par l'ennemi est le cauchemar des militaires, que ce soit face à des fantassins, des chars, des missiles ou des drones. Dans le cas des drones, c'est aussi le cauchemar des services de protection des personnalités, qui sont formés à traiter

24. Entretien avec l'auteur, 28 février 2023.

l'irruption d'un ou d'une poignée de drones dans leur bulle de sécurité, mais incapables de faire face à un essaim qui pense, agit et réagit infiniment plus vite que le cerveau humain.

À ce jour, aucune attaque massive par essaim de drone n'a été documentée, mais les spectacles et les démonstrations rassemblant des centaines d'appareils prouvent que l'IA est capable de gérer les déplacements et l'anticollision de manière quasiment parfaite. Par exemple, le 29 mars 2021 à Shanghai, la marque de voitures Genesis a mis en scène un spectacle rassemblant 3 281 drones en vol simultanément dans un espace de vol cubique de quelques centaines de mètres de côté seulement. L'objectif était de célébrer son arrivée sur le marché chinois avec cette chorégraphie technologique millimétrée. Seuls quelques drones se sont révélés dysfonctionnels, alors qu'il s'agissait de modèles disponibles dans le commerce et non d'appareils aux spécifications militaires. On ne peut qu'imaginer ce que les ingénieurs militaires, en Chine et ailleurs, ont concocté pour permettre à des essaims de drones aux fonctions complémentaires (les uns antiradars, les autres antiblindés, sans oublier des drones de guerre électronique ou d'autodéfense de l'essaim) de mener des missions complexes en quasi-autonomie.

Des premiers systèmes anti-essaim de drones ont été testés par l'US Army en 2021. Le drone *Coyote block 3*, de Raytheon, a réussi à désamorcer une fausse attaque menée par 10 drones de tailles et de modèles variés[25], avec une charge non cinétique, probablement un brouilleur ou un émetteur de micro-ondes. Mais il s'agit d'un très timide premier pas, face à la perspective d'attaques impliquant plusieurs centaines ou plusieurs milliers de drones.

Les missiles « propres »

Éliminé à Kaboul par les États-Unis en juillet 2022, le chef d'Al-Qaida Ayman al-Zawahiri a été ciblé par un type de missile rarement observé : le Hellfire R9X (lire le récit p. 77). Cette arme secrète a été développée pour la CIA et le Pentagone sous le nom d'AGM-114R9X, les trois premières lettres signifiant « *Air to Ground Missile* », missile air-sol. L'engin ne compte pas sur un effet de souffle destructeur, mais sur six lames déployables en plus de l'effet cinétique du corps du missile lui-même, lancé à 1 500 km/h. « Ses lames peuvent découper le toit des voitures ou percer des murs d'immeubles », expliquait en 2019 le

25. Note n° 464 du Centre d'études stratégiques aérospatiales (CESA), janvier 2023.

Wall Street Journal, qui a dévoilé son existence. Il est mis en œuvre depuis des drones télépilotés. L'arme est surnommée « le Ginsu volant », en référence à la marque de couteaux de cuisine Ginsu, produit phare des émissions de téléshopping américaines dans les années 1980. Guidée par pointage laser, sa précision lui permet de toucher directement une personne en limitant les dégâts collatéraux, comme cela semble avoir été le cas à Kaboul. D'une portée pouvant atteindre une dizaine de kilomètres, les missiles Hellfire sont à l'origine des tueurs de chars. Ils ont été développés à la fin de la guerre froide afin d'équiper les avions et les hélicoptères de l'Otan amenés à contrer une offensive blindée de l'Armée rouge sur le flanc est de l'Europe. De nombreuses armées européennes en sont d'ailleurs équipées, dont la France, le Royaume-Uni, l'Italie ou encore la Grèce. La version R9X dédiée aux éliminations ciblées n'est, en revanche, utilisée que par les États-Unis. Washington avait déjà fait appel à cette arme à plusieurs reprises, par exemple le 26 février 2017 pour éliminer le numéro deux d'Al-Qaida, Abu Khayr al-Masri, ou encore le 1er janvier 2019 pour tuer Jamal Ahmad Mohammad al-Badawi, le cerveau de l'attaque réussie contre le destroyer USS *Cole*. L'utilisation de cette arme peut être combinée à l'envoi d'une équipe clandestine sur place juste après la frappe pour récolter des renseignements, notamment pour récupérer des téléphones ou des ordinateurs, ainsi que pour identifier formellement les cadavres. Il s'agit d'une arme idéale pour éliminer des cibles en limitant le risque médiatique, induit par d'éventuelles pertes humaines dans ses propres rangs, ou par la possibilité de faire de nombreuses victimes collatérales.

IV

Esquissons l'avenir

L'exercice de l'anticipation est difficile. Nous n'avons souvent qu'une vague idée des technologies qui seront disponibles dans dix, vingt ou trente ans. L'écueil classique est de se limiter à une extrapolation des technologies existantes, simplement améliorées et plongées dans des circonstances futures… Un peu comme si, en 1945, on avait imaginé la guerre du XXIe siècle avec des tanks surpuissants, mais sans les moyens cyber et spatiaux. Les auteurs de science-fiction de la Red Team, une équipe recrutée par le ministère des Armées pour imaginer les guerres du futur en coopération avec des militaires et des universitaires, ont bien réussi à se plonger dans des futurs plausibles en maniant les concepts d'identité humaine bousculée, d'hyperforteresse, de pénurie d'énergie ou encore d'exploitation de la nature comme arme[1]. Concernant

1. Red Team, *Ces guerres qui nous attendent. 2030-2060*, t. I et II, éd. des Équateurs.

les assassinats ciblés, nous allons humblement jongler avec l'intelligence artificielle, les essaims de drones, les groupes paramilitaires ou encore les médicaments intelligents. Et nous espérons ainsi brosser quelques scénarios plausibles.

Des blattes pas comme les autres

13 septembre 2033. Alors que le monde sort tout juste d'un nouvel été caniculaire qui a provoqué la mort de plus de 100 000 personnes, la conférence internationale de préservation du vivant vient de s'achever sur une décision historique. À l'initiative de la présidence française de l'Union européenne, une force militaire de réaction rapide sera constituée sous l'égide des Nations unies et de l'UE afin d'imposer le respect des quotas d'émissions de CO_2 dans certains petits pays qui ont décidé de les ignorer et qui ne disposent pas d'une puissance militaire dissuasive. C'est imparfait, mais c'est un premier pas énorme. Dans son avion, la présidente française est épuisée après une semaine de négociations ininterrompues. Assise à la grande table centrale du tout nouvel A350 siglé « République française », elle manipule nerveusement ses écouteurs et tapote sur un clavier virtuel, alors que ses conseillers s'installent pour dîner. En jetant un œil vers la table, elle découvre avec stupéfaction qu'une poignée de

blattes est en train de circuler paisiblement entre sa tasse de café et son ordinateur. Comment sont-elles arrivées là ? Elles ont probablement été embarquées avec les repas, lors de l'escale. Pas question de les écraser : les blattes font partie des quelques centaines d'espèces d'insectes survivantes sur Terre. Elle s'apprête à demander à l'équipage de la débarrasser des intrus pour les enfermer dans la soute, mais elle n'en a pas le temps.

Tout va très vite. Le scanner biométrique des nanodrones déguisés en blattes confirme que la cible est bien là. La forme du visage, l'empreinte de la rétine ainsi que le rythme de frappe au clavier constituent autant de signatures biométriques. Elles correspondent aux modèles numériques disponibles dans la mémoire interne des drones et constitués grâce à l'observation de l'élue lors de réunions publiques et sur les images vidéo officielles à très haute résolution. Les cinq nanorobots partagent en temps réel des informations entre eux, ce qui leur permet de constituer une représentation en trois dimensions du visage, à partir des images prises sous des angles différents. En une fraction de seconde, les objets tueurs identifient ainsi formellement la présidente parmi les onze personnes attablées, avec un degré de certitude de 99,85 %. Grâce à leurs pattes télescopiques, les cinq faux insectes utilisent le peu d'énergie restant dans leur batterie pour se propulser vers le visage de leur victime. Deux dysfonctionnent. Sur les trois qui réussissent à sauter comme prévu, seuls deux parviennent à relâcher l'agent neurotoxique, logé dans leur abdomen, sur le nez et la bouche de la cible. Un seul aurait été suffisant, la mission est accomplie. Passé l'effet de surprise, la présidente devient pâle et transpire abondamment. Six minutes après avoir été contaminée, elle vomit, puis ses propos commencent à être confus. Malgré un antidote administré par son médecin personnel et justement prévu pour contrecarrer les agents neurotoxiques, elle meurt neuf minutes après avoir été touchée. L'analyse montrera que le composé chimique d'un genre nouveau était développé pour que ses effets soient empirés par la formule de l'antidote traditionnellement embarqué par les médecins militaires français. Les commanditaires avaient bien fait leurs devoirs.

Décryptage. Grâce à des nanodrones déguisés en insectes ou en tout autre élément vivant ou objet du quotidien, il est possible de s'introduire n'importe où, y compris dans les lieux les mieux protégés du monde. Des bunkers de la dissuasion nucléaire jusqu'aux salles de réunion de la Maison-Blanche, aux bureaux du Parti communiste chinois ou aux fameux laboratoires P4 contenant les souches de virus les plus mortelles et contagieuses connues sur Terre, aucun lieu n'est parfaitement protégé. Le petit cafard-espion popularisé par le film Le

Cinquième Élément[2] *passera vraisemblablement à la vitesse supérieure : bien conçu, il peut être indétectable, embarquer une caméra et une arme létale, se mettre en veille prolongée pendant des semaines et même fuir après avoir accompli sa mission. Seul hic : pour mimer des insectes, il faut encore qu'il en reste sur Terre. Or, l'extinction massive de la biodiversité déjà largement engagée en 2023, en plus d'être un cataclysme naturel, pourrait limiter la probabilité d'occurrence de ce scénario-là.*

Fou du volant

23 mai 2031. Le colonel de la gendarmerie territoriale est très énervé. Pour la cinquième fois, l'officier africain vient d'être mis en joue par les paramilitaires de Wotan, une société néorusse qui embauche d'anciens soldats, les équipe et les déploie là où des entreprises ou des États sollicitent ses services. Son gouvernement a beau afficher une confiance aveugle dans ces forces de l'ordre providentielles face aux terroristes, le gendarme sait très bien ce qui se trame derrière les murs de l'usine du géant de l'agro-alimentaire Kolanone. L'eau de l'unique source de la région est captée bien au-delà des quotas prévus par

2. Réalisé par Luc Besson, sorti en 1997.

les contrats passés avec l'État, ce qui explique que les habitants des villages alentour meurent de soif alors que des drones-conteneurs blindés et remplis d'eau ne cessent de rejoindre le port, d'où ils sont exportés vers le sud de l'Europe. Dépendantes de cet approvisionnement en eau douce, l'Espagne et l'Italie ferment les yeux sur les abus de la multinationale européenne.

Cette fois, c'en est trop. Alors qu'il rentre à la caserne dans sa voiture électrique, l'officier décide de publier une vidéo en ligne pour dénoncer les paramilitaires et Kolanone. Il espère alerter directement les citoyens européens, à la fois clients de Kolanone et électeurs des gouvernements en place, et les inciter à faire cesser ce crime écologique. Il vérifie que le pilote automatique du véhicule est bien engagé, saisit son téléphone et s'apprête à appuyer sur le bouton rouge pour filmer. Mais une embardée lui fait lâcher l'appareil. Il a beau se saisir du volant et appuyer sur l'arrêt d'urgence, ou essayer de déverrouiller la portière, rien à faire, la voiture semble possédée. Son contrôle a été récupéré par des pirates, depuis un autre continent. L'homme se penche et réussit à reprendre son téléphone, mais il ne parvient pas à établir de communication : l'accès à Internet et les appels sont impossibles. Les pirates ont aussi désactivé son compte chez son opérateur téléphonique. Après avoir mimé une conduite erratique sur deux kilomètres, le véhicule se précipite dans un ravin. Il ne reste rien de la voiture, ni de son occupant, totalement calciné par l'incendie persistant alimenté par les composants toxiques des batteries électriques. Dans leur salle de contrôle, les cybermercenaires de Walkyrie rendent compte à leurs collègues : « Cible éliminée ». Grâce à une modification par les pirates des *logs*, l'historique des événements qui se sont déroulés dans la voiture que les enquêteurs consultent à la manière d'une boîte noire d'avion, la police conclura que l'officier était ivre au volant de sa voiture et n'avait pas enclenché le pilote automatique.

Décryptage. Depuis le début des années 2020, les véhicules autonomes se sont largement répandus. Ils savent déjà conduire mieux que les humains, avec un taux d'accidents et d'incidents largement inférieur[3]*. Mais ils restent incapables de gérer certaines situations, notamment les dilemmes éthiques, par exemple lorsqu'il faut choisir entre heurter un piéton et risquer la vie du conducteur, sans qu'une solution sans victime ne soit possible*[4]*. Les mises à jour permanentes du logiciel interne et les échanges de données en temps réel en font*

3. Ces accidents sont toutefois moins bien acceptés par l'opinion publique, car ils sont le fait d'un ordinateur et non d'un humain.
4. Cela vaut d'ailleurs des procès aux programmeurs des pilotes automatiques, souvent considérés comme autant responsables de la conduite d'un véhicule que le conducteur présent dans l'habitacle.

une cible particulièrement vulnérable aux cyberattaques. Comme tout ce qui est connecté, une voiture peut être piratée, n'en déplaise aux constructeurs qui affirment le contraire. Pour rappel, après des années de mensonge sur la protection informatique de leurs avions de ligne, Boeing et Airbus ont été humiliés par un hacker *qui a réussi, via le système de divertissement lié à son siège en classe économie, à modifier très légèrement la poussée d'un réacteur et donc à altérer la trajectoire de l'appareil. Et ce, alors que les industriels affirmaient qu'il était physiquement impossible d'envoyer des données vers les systèmes critiques de l'avion, le composant informatique gérant l'interface entre le cockpit et le système de divertissement étant en théorie à sens unique, bridé pour se cantonner à fournir les données de vol aux passagers (vitesse, altitude, position, etc.). Des voitures Tesla ont d'ailleurs déjà été piratées à plusieurs reprises. En réalité, du moment qu'un lien existe, il est piratable et mieux vaut l'accepter pour gérer le risque. Le cyber a, jusqu'à aujourd'hui, assez peu été utilisé pour des assassinats ciblés, mais il est certain qu'il va devenir un vecteur pour faciliter ou même provoquer directement la mort de cibles humaines. D'un moyen complexe et rare, le cyber va devenir un vecteur habituel, voire incontournable, de l'assassinat ciblé.*

Pilulier enragé

Juillet 2039, quelque part au-dessus de l'Atlantique. La partie monotone du vol, en croisière, est bien entamée après un décollage à l'heure et le service du repas dans la foulée. L'avion de ligne subit quelques turbulences, mais rien de très émouvant pour l'ingénieure atomicienne, consciente que chaque rivet de l'appareil peut supporter de formidables contraintes mécaniques. L'équipage réduit l'intensité lumineuse de la cabine afin de permettre à ceux qui le souhaitent – et qui le peuvent – de s'endormir. Quelques instants plus tard, l'ingénieure est prise d'une intense douleur. Comme si son corps entier était en feu, elle a juste le temps d'alerter son voisin pour lui demander, le visage écarlate, d'aller prévenir un membre d'équipage. Un message retentit dans la cabine : « Un passager a besoin d'une assistance médicale, si un médecin se trouve à bord merci de vous faire connaître auprès de l'équipage à l'arrière de l'appareil. » Une femme médecin se manifeste mais il est trop tard, l'ingénieure est décédée en quelques minutes, allongée sur la moquette entre les deux portes de la queue de l'avion.

L'autopsie est formelle : la femme a été tuée par une surdose de son médicament habituel, dispensé automatiquement par des nanopilules intelligentes. Ingérées à l'avance, ces dernières sont programmées pour libérer exactement la dose nécessaire au moment voulu pendant toute la durée du traitement. Mais comme tout outil connecté, elles peuvent être détournées... L'enquête criminelle révèle que des agents d'un service étranger ont réussi à modifier un scanner de sécurité de l'aéroport, afin qu'il irradie les nanopilules de la victime et les force à libérer immédiatement la totalité de leur substance active. Le plan était minuté avec précision, afin que la victime commence à se sentir mal au milieu de l'Atlantique, à deux heures de vol de l'hôpital le plus proche. Avant le voyage, les agents s'étaient même arrangés pour que l'ingénieure obtienne bien la dérogation qu'elle avait demandée pour assister en présentiel à un congrès international, malgré les quotas stricts d'émission de CO_2 imposés à chaque citoyen.

Décryptage. La médecine du futur inspire beaucoup de scénarios relevant plus ou moins du fantasme. Toutefois, aujourd'hui déjà, il est techniquement possible de pirater un pacemaker ou certaines pompes à insuline, avec des conséquences potentiellement mortelles. Demain, grâce à la numérisation généralisée de la médecine et à l'intégration d'intelligence artificielle[5]*, à l'interconnexion entre les bases de données ou à la démocratisation des*

5. Sur l'intelligence artificielle dans la médecine, lire Pr Jean-Emmanuel Bibault, 2041 : l'*Odyssée de la médecine*, éd. des Équateurs, 2023.

médicaments dits intelligents, de nouvelles possibilités s'ouvriront pour les hackers. *L'assassinat ciblé est possible en bousculant les équipements médicaux personnels au bon moment et surtout au bon endroit, car l'impossibilité pour la victime de profiter d'une prise en charge rapide à l'hôpital augmente évidemment les chances de succès de la mission.*

Attaques coordonnées

Juin 2034. L'atmosphère est tendue dans le bunker de la force *ghost birds*, les « oiseaux fantômes ». L'infanterie et la cavalerie blindée ont subi de lourdes pertes ces derniers jours durant l'offensive éclair du voisin, plus puissant et mieux équipé. Dernier espoir pour cette petite République : l'élimination simultanée de la plus grande partie possible de la chaîne de commandement adverse, en commençant par le haut. C'est pour ce type de mission que les programmeurs se sont entraînés ces dernières années, mais ils n'avaient jamais imaginé devoir mettre en œuvre tous leurs moyens au même instant, contre toutes les cibles VIP de l'ennemi. « Faites-le », lâche le président, acculé par l'épuisement et le désespoir. Son regard est perdu dans une multitude de petites images rectangulaires statiques sur les grands écrans, les images captées par la caméra frontale de chaque drone. Le jeune officier en charge du système informatique, plus habitué à jouer à des jeux vidéo en réalité virtuelle qu'à déclencher des assassinats, s'exécute sans poser de question. Dès qu'il appuie sur « entrée », les écrans s'affolent. Grâce à la liaison satellite chiffrée, des centaines de minidrones prépositionnés et préprogrammés s'activent. Les moniteurs de contrôle qui affichent les images de leurs caméras montrent qu'ils sont désormais tous en mouvement.

Les cibles sont nommées en fonction de leur priorité : P1, P2, P3 et ainsi de suite. Une centaine de minidrones pénètrent simultanément dans le périmètre du palais présidentiel ennemi, dans les jardins duquel se tient une réception pour célébrer la victoire proche. La moitié sont abattus par les défenses antidrones, un mélange de mitrailleuses de petit calibre, de lasers, de drones intercepteurs et de filets. Les brouilleurs n'ont aucun effet, car les drones ne sont pas télépilotés : ils sont programmés avec leur mission d'assassinat, se réfèrent à une carte en 3D stockée dans leur mémoire et ne sont pas dépendants d'un signal GPS. Ils n'ont désormais plus besoin d'aucune donnée entrante venant de leur camp. Lorsqu'un signal est brouillé par l'ennemi, c'est à peine si les images clignotent dans le bunker, le temps qu'un autre flux satellite prenne le relais. La cinquantaine de drones survivants cherchent la « P1 », le président adverse, parmi toutes les personnalités présentes dans le jardin. Les services de sécurité ennemis sont déjà en train d'exfiltrer leurs protégés, et c'est comme cela que les drones les repèrent : un petit groupe soudé fuit vers une porte avec un homme correspondant aux empreintes biométriques pré-enregistrées : l'IA embarquée, dopée par la puissance de calcul partagée de chaque drone en réseau sur le terrain, déclenche l'attaque. Immédiatement, les trois quarts des drones présents se précipitent sur lui, dans un bourdonnement aigu caractéristique. Quatre, cinq, six, sept… lorsque dix drones sont collés sur son corps, une puissante déflagration se produit. L'homme est tué sur le coup, alors que les gardes du corps sont soufflés autour. Les dix minidrones ont activé leurs petites charges explosives, créant ensemble une explosion létale. La panique s'empare de l'assistance. La « P2 », le chef d'état-major de l'armée, a réussi à fuir vers son véhicule blindé. Il est projeté sur la banquette arrière par un garde du corps, qui s'enfourne à sa suite et claque la porte. Au volant, le chauffeur expert de la conduite à grande vitesse en milieu difficile, démarre immédiatement. Quelques instants plus tard, il entend un bourdonnement à l'arrière. Il n'a pas le temps de se retourner, la voiture explose. Des minidrones avaient été prépositionnés dans l'habitacle, alors que le chauffeur fumait à quelques mètres de son véhicule et avait laissé sa fenêtre ouverte. La déflagration, qui intervient dans le milieu fermé de la voiture blindée, ne laisse aucune chance aux occupants. Dans le jardin, les dizaines de drones restants poursuivent leur chasse. À partir de la « P3 », ils ont instruction de se limiter à trois drones par cible, en se fixant au visage. La nuée poursuit sa mission en éliminant une douzaine d'autres hauts responsables.

En parallèle, d'autres groupes de drones mènent le même type d'expéditions meurtrières au quartier général de campagne de l'armée ennemie, dans les ministères, les appartements, les clubs de sport… Avec tout autant de succès. Au total, ce sont 48 personnalités du pouvoir, des dirigeants politiques aux chefs militaires, en passant par les patrons de grandes entreprises de défense, qui sont éliminés en quelques dizaines de secondes, dans plusieurs villes du pays. Toutes les cibles de premier rang, de la P1 à la P16, ont été tuées dans les premières secondes. C'était un objectif essentiel, car cela ne laisse aucune chance à une riposte nucléaire – bien que peu probable, compte tenu de l'état réel des arsenaux balbutiants de l'ennemi – d'être déclenchée par une autorité habilitée. Quelques rares chanceux ont toutefois échappé à la purge, car ils étaient inaccessibles et les drones tueurs, qui n'avaient plus de batteries, sont tombés au sol, inertes.

Décryptage. Nous l'évoquions dans le chapitre consacré aux technologies : l'essaim de drones est l'un des pires cauchemars des services de protection des personnalités, tout comme il est celui des unités de défense aérienne sur la ligne de front. Faire face à un objet volant est déjà compliqué. Pour affronter une nuée, il faut vraiment compter sur la chance : comme dans le cyber, l'ennemi n'a qu'à essayer jusqu'à ce qu'un drone passe, ce n'est qu'une question de temps. La nuée peut perdre la quasi-totalité des drones qui la composent et tout de même réussir à accomplir sa mission. Elle peut aussi se comporter de manière intelligente, être programmée avec des « what if », *c'est-à-dire des variables déclenchant des ajustements du plan, bien connues des militaires lorsqu'ils préparent des missions. Par exemple, si la cible principale n'est pas trouvée, la mission est redirigée contre une cible secondaire prédéfinie, ou si la météo est exécrable, le trajet est détourné, etc. La question n'est pas* si, *mais* quand *une nuée de drones animée par l'IA fera des ravages, que ce soit pour des assassinats ciblés, pour une opération de guerre régulière ou lors d'une action terroriste.*

Au long cours

Cela fait maintenant six mois qu'il ne dort que quelques heures par semaine. Le chef du renseignement militaire a beau consulter tous les spécialistes du monde depuis l'été 2037, aucun ne comprend son mal mystérieux. Ses maux de tête sont chaque jour plus atroces, il rêverait presque de s'enfoncer une tige en métal dans l'oreille ou de se mutiler le cerveau, comme le héros de ce vieux film en deux dimensions qu'il a visionné il y a quelques mois, *Pi*[6]. Ce mal, ajouté aux vomissements, aux diarrhées et à l'épuisement permanent, aucun humain ne peut le supporter durablement. L'homme s'enferme pour de longs moments de solitude, prisonnier d'un corps qui ne le sollicite plus que pour lui signaler la douleur vive. Toute la journée, son esprit est brumeux, et il ne se souvient que très peu des nuits qu'il passe à chercher le sommeil en vain. Au fil des semaines, touché par des problèmes d'élocution et par des crises nerveuses, il a perdu ses liens avec sa famille, avec ses amis et avec ses alliés professionnels. Il a même perdu ses ennemis, qui ne le voient plus comme une menace, mais ont pitié de lui. Lui qui, seulement six mois plus tôt, semblait si proche de faire basculer l'opinion publique en dévoilant un scandale de traîtrise à la tête de l'Union continentale. Il n'aura pas eu le temps d'aller au bout de ses recherches. Exténué, il s'agenouille dans ses toilettes, puis se tire une balle dans la tête, de la bouche vers l'arrière du crâne, en inclinant légèrement le canon vers le haut, comme on lui avait appris à le

6. *Pi*, de Darren Aronofsky, 1998.

faire durant sa formation d'agent du renseignement en cas de capture par un ennemi.

Dans l'immeuble d'en face, un agent de l'Union continentale a suivi toute la scène grâce à des caméras thermiques et à un minidrone infiltré dans le logement. L'homme rend compte à ses supérieurs : « Mission terminée », lâche-t-il simplement. Puis il débranche un cordon d'une prise électrique, avant de ranger méthodiquement son équipement. Le canon à ondes directionnel est une invention formidable, bien que totalement interdite par les conventions internationales sur le droit de la guerre. Il ne laisse aucune trace, il est très difficilement détectable et il détruit l'esprit en plus du corps. Pour toutes les éliminations non urgentes et clandestines, ce « grille-cerveau » portatif est l'arme idéale. Pointé sur la chambre à coucher de la cible, il reste en fonctionnement six à huit heures par nuit, sous l'œil attentif des agents de permanence. L'opération nécessite un suivi quotidien et a un coût certain. Mais elle permet de rester discret tout en se montrant particulièrement barbare. Pousser l'ennemi au suicide est un don que nombre de dictateurs rêvent d'ajouter à leur panoplie. Et le résultat laisse un doute sur l'origine du mal, plus souvent attribué à une longue maladie psychologique plutôt qu'à une action malveillante.

Décryptage. L'utilisation d'ondes hors du spectre audible contre des cibles humaines ne date pas d'hier. Durant la guerre froide déjà, les Soviétiques avaient lancé des projets visant à développer des armes invisibles et ravageuses. Ce sont leurs dérivés qui semblent avoir été utilisés à partir de 2016 à Cuba lors de tests grandeur nature. Le mystérieux « syndrôme de La Havane » a été identifié par les Académies américaines des sciences, de l'ingénierie et de la médecine[7] *comme le résultat de l'utilisation par des agents étrangers d'émetteurs d'ondes pour rendre des cibles malades. Des dizaines d'employés de l'ambassade américaine, essentiellement des militaires travaillant sous couverture, avaient ainsi été ciblés dans leurs résidences… fournies par l'État cubain. La plupart avaient dû retourner aux États-Unis, leur situation médicale et celle de leurs familles se dégradant de manière inquiétante. L'enquête complète n'a pas été rendue publique, compte tenu du caractère sensible des missions des personnes touchées, mais il semble, d'après les quelques documents publiés, que la plupart aient gardé des séquelles durables et n'aient pas pu reprendre le cours de leur carrière ni de leur vie personnelle. Dans les années suivantes, la Chine aurait pour sa part utilisé des émetteurs à basse fréquence dans les montagnes de*

7. « An Assessment of Illness in U.S. Government Employees and Their Families at Overseas Embassies, A Consensus Study Report of National Academies of Sciences, Engineering, and Medicine », *The National Academies Press*, 2020.

l'Himalaya pour attaquer les soldats indiens déployés à la frontière[8]. *Ces derniers ont été touchés par des vomissements et des pertes de connaissance, mais Pékin a toujours démenti toute opération de ce type. L'Inde, de son côté, a commencé par démentir avant que son ministère de la Défense dénonce dans son rapport annuel sur l'année 2020 « l'utilisation par l'Armée populaire de libération d'armes non-orthodoxes*[9] *».*

8. Didi Tang, « China turns Ladakh battleground with India into a "microwave oven" », *The Times*, 17 novembre 2020.
9. *Year-end review 2020*, Ministry of Defence (Inde), accessible en ligne à l'adresse https://pib.gov.in/Pressreleaseshare.aspx?PRID=1685437

Conclusion

« L'assassinat n'a jamais changé l'histoire du monde. »

Benjamin Disraeli, 1865
Ce futur Premier ministre britannique réagissait à l'assassinat d'Abraham Lincoln.

Avec cette citation, Benjamin Disraeli a raison et tort à la fois. Il a raison car l'acte d'assassinat, seul, n'a finalement pas fait basculer un équilibre stratégique – planétaire – ou même tactique sur le champ de bataille aussi souvent que les commanditaires auraient pu l'espérer. Comme nous l'avons vu au fur et à mesure des chapitres, dans les guerres conventionnelles, ce sont plutôt les effets collatéraux de l'assassinat qui ont été recherchés : galvanisation des troupes alliées, démoralisation des ennemis. En ce sens, la citation de Disraeli est injuste, car le monde a pu changer grâce à la motivation retrouvée ou perdue de part et d'autre. Dans le cas des conflits asymétriques contemporains, et particulièrement dans les guerres contre le terrorisme – ou celles qui sont déclarées comme telles –, l'assassinat est souvent l'objectif essentiel, sinon unique, du défendant. Les États veulent en premier lieu éliminer les têtes des réseaux, avant même de penser à se débarrasser des combattants de moindre rang, qu'ils ne se privent pas de viser pour autant. La puissance d'une organisation terroriste se mesure plus à ses têtes qu'à sa force brute, et décapiter un réseau permet souvent de le priver de financements importants. À la différence d'un État, où le poste d'un responsable assassiné est repris immédiatement et souvent sans dispute par un autre, dans la guerre contre le terrorisme l'assassinat peut facilement déclencher une guerre de succession interne.

Une autre leçon à tirer de ce livre est que l'assassinat ciblé n'a jamais été aussi facile. Les progrès technologiques et, notamment, la démocratisation des drones transformables en armes, creusent encore l'écart entre l'attaquant et le défenseur dans le jeu du chat et de la souris qui régit l'affrontement depuis la nuit des temps. Il est devenu aisé d'éliminer quelqu'un à l'autre bout du monde et sans prendre le moindre risque sur le terrain. À tel point que le métier de personnalité de premier plan, que ce soit dans le domaine politique, scientifique ou encore religieux, va devenir franchement dangereux ! Quel responsable de haut niveau ne se fait aucun ennemi juré durant l'ensemble de sa carrière ?

Dans les guerres de demain, hybrides ou de haute intensité, il nous semble plausible que des assassinats ciblés aient lieu quasi quotidiennement, pourquoi pas avec des drones autonomes, contre lesquels il sera très difficile de se défendre et qui commettront inévitablement des erreurs ou des bavures. Les technologies de défense sont aujourd'hui en partie taboues dans les démocraties (intelligence artificielle, pouvoir létal autonome, etc.) et très en retard sur les outils d'attaque. À l'inverse, les ingénieurs russes, turcs, iraniens ou chinois explorent les voies les plus radicales, et éliminent quasi automatiquement le maintien d'un chaînon humain qui serait garant de l'éthique.

Même en dehors des champs de bataille, si les moyens d'investigation criminelle ne rattrapent pas leurs années de retard très rapidement pour permettre d'attribuer efficacement une attaque de drone ou via une intelligence artificielle à son auteur, une fenêtre d'opportunité potentiellement sans précédent va s'ouvrir pour les meurtriers de toute sorte. Chacun aura à portée de main des outils technologiques pour assouvir ses pulsions mortifères sans prendre de risque important. Rendre justice pourrait dans certains cas devenir un exploit.

Néanmoins, l'histoire humaine montre que la technologie, si elle influence le cours des événements, est aussi un outil au service des évolutions de la société. « Je fais confiance à notre capacité d'innovation, à l'intelligence humaine : nous avons toujours trouvé une parade », lance ainsi le général Ghislain Réty[10]. Les innovations sont en grande partie orientées par les politiques publiques. Ainsi, il est plausible que si suffisamment de pays décident de chercher des parades à ces évolutions inquiétantes, ils trouveront !

« Renoncer à l'assassinat c'est se condamner à comprendre ; il faudrait y regarder deux fois. Ça fait de votre existence une longue suite de questions, là où un coup de canif bien placé résout le problème en supprimant son énoncé. »

Daniel Pennac

10. Entretien avec l'auteur, 28 février 2023.

Remerciements

Ce livre n'existerait pas sans le soutien quotidien et l'investissement de ma complice dans la vie. Merci Christelle !

Pour leurs relectures et leurs conseils, Christelle, Pierre-Louis, Claude, Yvain ;

Pour sa bienveillance infaillible, mon rédacteur en chef au *Point*, Guillaume Grallet ;

Pour ses idées, sa confiance et sa patience, Arnaud Le Guern (avec les équipes du groupe Elidia) ;

Pour ses conseils, Jean Guisnel ;

Pour son temps précieux, le général Ghislain Réty, commandant le GIGN ;

Pour leur expertise, leur indulgence et leurs calembours, Louis, Anne, Louis-Dominique et les camarades du Cours supérieur interarmes et de l'École de guerre (formations suivies en tant qu'auditeur civil) ;

Pour sa motivation contagieuse, Olivier Bruzek.

Table des matières

Achevé d'imprimer par
ROTATIVAS DE ESTELLA,
en avril 2023,
Dépôt légal : mai 2023

Imprimé en Espagne

Mise en pages réalisée par
Jacques Motllo – 66470 – Sainte-Marie-la-Mer
126/2023